KB215537

읽자마자 기후 위기를 이해하는

# 지구과학 사전

지구의 구조를 알면
기후 위기의 해결책이 보인다!

# 읽자마자 기후 위기를 이해하는
# 지구과학 사전

정원영 지음

보누스

# 머리말

여러분에게 '지구'는 어떤 의미인가요? 막연히 중요하다고는 생각하지만 별 의미를 떠올리지 못하는 사람이 더 많을 거예요. 하지만 저는 어렸을 때부터 과학관에서 연구사로 일하는 지금까지도 지구를 생각할 때마다 늘 놀라움과 설렘, 신비함을 느낍니다.

제가 지구에 처음으로 느꼈던 놀라움은 초등학생 때 읽었던 책에서 지구의 나이가 무려 46억 살이나 된다고 했던 점입니다. 거우 열 살 남짓일 당시의 제게는 그 어마어마한 숫자가 주는 충격이 컸던 듯해요. 늘 당연하게 살고 있는 터전인 지구가 알고 보면 이렇게 오랜 역사를 간직하고 있고, 내가 모르는 수많은 일을 겪어왔다는 점은 경이로움과 호기심을 안겨주기에 충분했습니다.

경이로움은 내가 일상적으로 접하고 이해하는 바를 뛰어넘는 무언가를 경험했을 때 느끼는 감정입니다. 오랜 지구의 역사를 담은 장대한 모습의 그랜드 캐니언, 밤하늘에 화려하게 펼쳐지는 오로라, 깊은 바닷속에서 살아가는 희한한 모습의 심해 생물들, 우주망원경이 보내온 아름답고 신비로운 천체 사진들…. 인간의 감각을 아득히 뛰어넘는 시공간과 단위, 주변에서는 만날 수 없는 신기한 상황들을 경험하다 보면 나도 모르게 경이로움을 느끼게 됩니다.

호기심은 어떠한 상황이나 대상에 대해 '왜?', '어떻게?'라는 궁금증을 가지고 알고 싶어 하는 감정입니다. '공룡은 왜 멸종했을까?', '무지개는 어떻게 생기는 걸까?'처럼 재미있고 관심 있는 주제에 질문을 던질 수도 있고, '난 세상에 어떻게 태어난 걸까?', '낮과 밤은 매일 왜 반복되는 걸까?'같이 일상적인 상황에 문득 궁금증이 생길 수도 있죠.

지구에 대해 느끼는 경이로움과 호기심은 지구를 사랑하는 마음의 근간입니다. 익숙한 무언가를 평소와는 다른 시선으로 바라보게 되고, 그에 대해 더 많이 알고 싶어 하는 점이 누군가를 좋아할 때의 설렘과 비슷하지 않나요? 그 사랑은 책임감으로 이어집니다. 내가 사랑하는 가족과 친구가 건강하고 안전하길 바라며 그들의 행복을 지키고 싶다는 마음은 자연스러운 것입니다. 이와 마찬가지로 지구를 사랑하게 되면 당연히 지구의 안녕을 지켜주고 싶은 마음이 들기 마련이지요.

지구를 알면 알수록 지구의 구성 요소 하나하나가 지구에 사는 모든 생명체의 존속을 위해 존재한다는 생각도 들곤 합니다. 지구의 내부 구조, 암석과 토양, 물과 바다, 대기와 자기장, 심지어는 지구가 돌고 있는 태양마저도 말입니다. 이 점을 깨닫게 되면 내 주변에 있는 것들을 향해 고마움과 소중함을 느끼지요. 이제는 여태까지 우리를 위해 열심히 달려온 지구를 우리가 지켜줄 때입니다.

이 책을 읽는 여러분도 지구에 대한 앎을 바탕으로 지구를 이해하고 현재 지구에서 벌어지는 환경 문제들을 올바르게 해석할 수 있기를, 그리고 그것을 바탕으로 지구와 지구에 살아가는 생명들에 대해 책임감과 배려심을 가질 수 있기를 바라는 마음입니다. 이를 위해 다양한 지구과학 분야와 긴밀하게 연결된 환경 이슈들을 설명하고, 어렵게 느껴질 수 있는 과학 지식을 다루면서도 일상과 어떤 관련이 있는지 그리고 나와 어떤 연결고리가 있는지를 발견할 수 있도록 애썼습니다.

우리가 매일 마시고 사용하는 물이 지구 생명의 원천이고 우리가

◇◇◇◇◇◇◇◇

늘 마주하는 태양이 지구에 있는 빛과 에너지의 근원인 것처럼, 일상에서 항상 곁에 있어 당연한 줄 알았던 존재가 가장 소중하고 고마운 존재였음을 이야기하고자 했습니다. 경이로움을 떠올리는 기쁨, 호기심을 발견하는 즐거움, 사랑과 책임감의 가치를 이 책으로 느낄 수 있다면 더 바랄 게 없겠습니다.

정원영

# 1장

# 해양

## 평화로웠던 바다의 역습

# 바닷물은 흐른다,
# 쓰레기도 함께

1972년 12월 7일, 유인 우주선 아폴로 17호에 탑승해 달로 향하던 우주 비행사가 지구를 돌아보면서 사진을 한 장 찍었습니다. 지구 상공 약 3만 km(정확히는 18,300마일) 높이에서 찍은 그 사진에는 둥근 지구의 모습이 담겼고, 지금까지도 역사상 가장 유명한 지구 사진으로 꼽히고 있죠.

이 사진의 제목은 바로 블루 마블(The Blue Marble)입니다. '푸른 구슬'이라는 뜻으로, 우주에서 본 지구의 둥근 모양과 푸른 색깔을 상징적으로 표현한 이름이에요. 이 모습을 바탕으로 많은 사람의 머릿속에 지구는 푸른 행성이라는 이미지가 자리 잡혀 있습니다. 여러분도 '지구는 푸르다'라고 했을 때 그 이미지를 바로 떠올릴

블루 마블

세계의 바다

수 있을 겁니다.

　지구를 이토록 푸른색으로 만드는 주인공은 바로 '바다'입니다. 지구 표면의 약 70.8%가 바다로 덮여 있어요. 나머지 29.2%를 차지하는 육지와 함께 지구 전체 표면을 구성하고 있는데, 육지와 바다의 분포 양상에 따라 바닷물의 흐름과 그로 인한 기후 패턴이 확 달라진답니다.

　사실 지구의 바다는 하나로 이어져 있지만, 우리는 육지의 분포에 따라 바다를 크게 5대양으로 구분합니다. 태평양(Pacific), 대서양(Atlantic), 인도양(Indian), 북극해(Arctic), 남극해(Antarctic 또는 Southern)가 5대양을 이룹니다.

　태평양은 지구 표면의 약 1/3을 차지할 정도로 넓습니다. 전체 바다로 보면 절반 이상에 해당하지요. 우리나라 주변 바다도 태평양에 속하기 때문에 우리에게 가장 익숙한 바다이기도 합니다. 대서양은 아메리카 대륙과 유럽~아프리카 대륙 사이에 남북으로 길게 뻗어 있어 위도별, 기후별로 다양한 성질을 띕니다. 인도양은 대부분 남반구에 속하고 아프리카, 인도, 호주로 둘러싸여 있습니다. 북극해와 남극해는 각각 북쪽과 남쪽 고위도에 있어 상대적으로 수온이 낮은 바다입니다.

지구에 담겨 있는 형태인 바다는 위치에 따라 태양으로부터 받는 에너지가 서로 다릅니다. 이 바다의 에너지 차이가 대기를 움직여 바람을 만들지요. 그렇게 부는 바람은 다시 바다를 움직여 바닷물의 흐름을 만들어냅니다.

이처럼 바람에 의한 바닷물의 표층 순환을 해류라고 부릅니다. 해류는 대개 수심 약 1km 이내에서 작용합니다. 예를 들어 적도 부근에서 부는 무역풍은 바닷물을 동쪽에서 서쪽으로 흐르게 합니다. 이렇게 흐르던 바닷물이 육지를 만나면 양극(북극과 남극) 쪽으로 방향을 바꿔 흐르지요. 이런 방식으로 전 세계의 해류는 크게 5개의 환류 구조로 이루어져 있습니다.

환류란 소용돌이처럼 둥글게 회전하는 모습으로 나타나는 해류들의 거대한 흐름을 말합니다. 북태평양, 남태평양, 북대서양, 남대서양, 인도양에 각각 환류들이 나타납니다. 그리고 각 환류는 다시 4개의 주요 해류로 나뉩니다.

북태평양 환류에는 쿠로시오 해류, 북태평양 해류, 캘리포니아 해

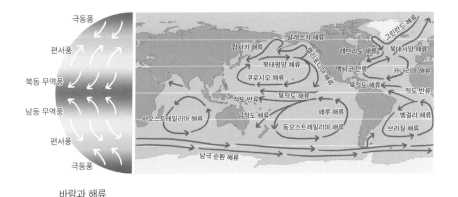

극동풍
편서풍
북동 무역풍
남동 무역풍
편서풍
극동풍

극동풍
알래스카 해류
그린란드 해류
캄차카 해류
래브라도 해류
북대서양 해류
북태평양 해류
캘리포니아 해류
멕시코 만류
카나리아 해류
쿠로시오 해류
북적도 해류
적도 반류
적도 반류
북적도 해류
남적도 해류
페루 해류
벵겔라 해류
서오스트레일리아 해류
동오스트레일리아 해류
브라질 해류
남극 순환 해류

바람과 해류

류, 북적도 해류가 있습니다. 무역풍에 의해 북적도 해류가 만들어지고, 이 해류가 흐르다 육지와 만나 북쪽으로 방향을 바꾸면 쿠로시오 해류가 됩니다. 쿠로시오 해류는 다시 서쪽에서 동쪽으로 흐르는 북태평양 해류로 이어지고, 이 해류가 북아메리카 대륙과 부딪히면서 적도 쪽으로 방향을 바꿔 캘리포니아 해류가 되어 흐르는 식입니다.

이때 환류의 회전 방향은 북반구에서는 시계 방향, 남반구에서는 시계 반대 방향입니다. 회전 방향이 다른 이유는 지구의 자전에 의해 만들어지는 전향력(코리올리힘) 때문입니다. 지구는 서쪽에서 동쪽으로 자전하므로 북반구에서는 운동하는 물체의 방향이 오른쪽으로 휘고, 남반구에서는 왼쪽으로 휘거든요. 이렇게 지구의 자전이 운동하는 물체의 방향을 휘게 만드는 힘을 전향력이라고 합니다.

이처럼 전 세계 바다에는 일정한 방향과 속도로 다양한 해류가 흐릅니다. 그리고 해류들은 지구 전체에 거대한 순환을 만들어냅니다. 이

말은 결국 바다가 하나로 이어져 모두 연결되어 있다는 뜻이죠. 그런데 사람들은 이처럼 거대한 해류의 존재를 과연 어떻게 알아냈을까요?

1900년대에는 해류병을 이용해서 관측을 했답니다. 측정 기관의 주소와 이름이 적힌 카드를 병 안에 넣은 뒤 배를 타고 나가서 바다의 정해둔 지점에 해류병을 던집니다. 그 병이 해류를 타고 여기저기 흘러다니다 해안에 해류병이 도착하면, 그걸 주운 사람이 발견한 장소, 날짜, 시간을 적어서 카드에 적힌 측정 기관으로 다시 보냈다고 해요. 그렇게 해서 수집된 해류병들을 가지고 하나하나 이동 경로를 추적한 것이죠.

정말 많은 노력과 시간이 들었겠지요? 바다에 던진 해류병이 모두 수집되기란 현실적으로 어려울 테니 자료가 부족하기도 했을 거예요. 그래도 이러한 시도 덕분에 해류의 존재와 해류가 어떤 방향으로 흐르는지를 실제로 확인할 수 있었습니다.

1950년대 이후부터는 여러 과학 기기와 원리를 이용해 더욱 정확하고 효율적으로 연구를 하고 있습니다. 지구 자기장 내에서 움직이는 바닷물에는 그 속도에 비례해 전류가 흐릅니다. 이 원리를 이용해 자기 유속계라는 장치를 만들어 유속(흐르는 속도)과 방향을 측정하지요.

바닷속에서 음파를 발사한 뒤에 해류와 함께 흐르는 부유물로부터 반사되는 음파를 측정해 해류를 관측하는 초음파식 유속계도 있고요. 추가 달린 부이(buoy. 부표)를 띄워 특정 장소에서 오랫동안 연

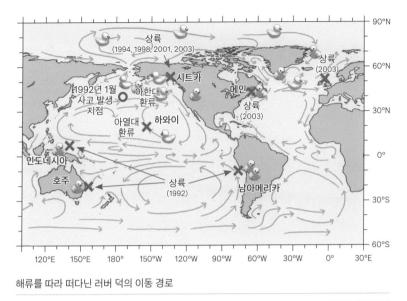

해류를 따라 떠다닌 러버 덕의 이동 경로

데이터 출처: NOC

속적으로 해류를 관측하기도 하고, 운항하는 배에 유속계를 부착해서 더 넓은 범위를 관측하기도 합니다.

이렇게 바다에서 직접 해류를 측정하기도 하지만, 최근에는 인공위성을 이용해 우주에서 바다를 관측하고 있습니다. 바다에 부표를 띄운 뒤 인공위성에서 신호를 전송받아 위치를 관측해서 바닷물의 이동 속도와 방향을 추적하는 것이죠. 기술이 발달하면서 과학의 연구 방법들도 계속 달라지고 있답니다.

그런데 이렇게 과학적인 방법뿐 아니라 우연한 사건을 계기로도 해류에 대한 증거가 확인된 적이 있습니다. 1992년 1월, 홍콩에서 미국으로 가던 화물선이 북태평양을 지나던 중 폭풍우를 만나는 바람에 배에 싣고 가던 컨테이너를 바다에 빠뜨리고 말았습니다. 이 컨테이너 안에는 러버 덕 장난감이 가득 들어 있었죠. 무려 2만 9천 개 정도가 들어 있었는데, 러버 덕은 욕조 장난감이었기 때문에 물에 둥둥 떠다녔어요.

이때 바다에 빠진 수많은 러버 덕은 북태평양에서 출발해 여러 해류를 따라 호주, 캐나다, 미국, 영국, 이탈리아 등 세계 각지에 흩어져 발견되었습니다. 해양학자들은 러버 덕의 이동 경로를 추적해서 바닷물의 흐름을 연구하기도 했지요. 이 사건 이후 러버 덕은 많은 대중에게 행운과 평화, 사랑의 상징으로 여겨졌습니다.

옛날 영화나 드라마에서 흔히 나오는 낭만적인 '병 속 편지' 사건들도 종종 보도되고 있습니다. 2023년에는 1978년 7월에 태평양 중부에서 한 선원이 쓴 편지가 유리병에 담긴 채 호주에서 발견된 적 있고, 2018년에 미국에서 적은 것으로 추정되는 편지가 담긴 유리병이 3년 만에 포르투갈에서 발견되었다는 뉴스도 있어요. 마치 1900년대 과학자들이 해류병으로 해류를 연구하던 것과 비슷하지요.

그런데 바다와 해류가 우리에게 낭만과 재미를 주기만 하는 것은 아닙니다. 장난감이나 유리병 속 편지만 바다를 떠다니는 것이 아니거든요. 육지 혹은 배에서 버려지는 쓰레기들도 바다를 둥둥 떠다니고 있어요. 이 쓰레기들은 환류 구조에서 상대적으로 흐름이 약한 가운데 부분에 모여들면서 쓰레기섬을 만들고 있습니다.

특히 북태평양 환류 중심에는 매우 거대한 쓰레기섬(GPGP. Great

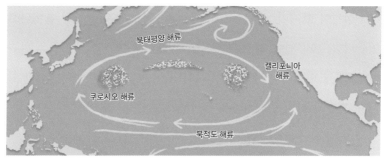

북태평양 환류 내 거대한 쓰레기섬(GPGP)

Pacific Garbage Patch)이 있습니다. 북태평양 환류는 캘리포니아 해류, 북적도 해류, 쿠로시오 해류, 북태평양 해류가 시계 방향으로 회전하는 거대 환류입니다. 환류 전체 크기만 약 2천만 km²나 되죠. 그런데 이 환류의 중심부는 안정적이고 고요하기 때문에 여기로 모여든 쓰레기들이 다른 곳으로 빠져나가지 못하고 갇혀버리게 되었어요. 2018년 기준 쓰레기섬의 면적은 약 155만 km²라고 하는데, 이는 무려 한반도 면적의 약 7배에 달하는 수준입니다. 쉽게 상상하기도 어려운 크기죠.

심지어 쓰레기들은 계속해서 누적되므로 면적이 점점 늘어나고 있습니다. 1997년에 요트 항해사였던 찰스 무어가 쓰레기섬을 발견한 이래 그 면적과 쓰레기 양을 나타내는 수치가 계속 높아지고만 있어요. 많은 사람이 쓰레기들을 수거하려고 노력하고 있지만, 수거하는 양에 비해 워낙 배출량이 많다 보니 큰 효과는 없다고 합니다.

북태평양 쓰레기섬의 대부분을 차지하는 플라스틱 쓰레기는 생분해되지 않아 500년 이상 썩지도 않고 바다에 떠 있게 됩니다. 특히 폐어구와 부표가 절반 이상인데, 바다에서 나는 자원을 얻으려고 사용하는 도구가 오히려 바다를 위협한다는 것이 참 아이러니합니다.

해양 쓰레기들은 해양 생물에게 직접 피해를 주기도 합니다. 먹이로 착각하고 비닐을 먹는 거북이와 새들, 버려진 폐그물에 걸려 움직이지 못한 채 죽음을 맞이하는 바다표범 등 여러 해양 동물이 삶을 직접적으로 위협받고 있습니다.

이렇게 눈에 보이는 플라스틱 쓰레기만 문제가 아닙니다. 플라스틱은 썩진 않지만, 햇빛이나 파도에 의해 쉽게 부서집니다. 그러면 점점 더 작은 알갱이로 쪼개져 미세플라스틱(microplastic)이 되죠. 미세플라스틱은 맨눈으로 보기 어려울 정도로 작고 다양한 유해 물질(BPA, PCBs 등)과 쉽게 흡착됩니다. 미세플라스틱은 바다 생물들의 몸속에 유입되거나 해안으로 떠밀려오기도 해요. 쓰레기섬 주변에서 잡힌 물고기의 35%가 뱃속에 미세플라스틱이 있었다고 합니다.

미세플라스틱은 생태계의 먹이사슬을 통해 상위 포식자로 전달되고, 결국 최상위 포식자인 인간에게까지 흡수됩니다. 미세플라스틱이 떠 있는 바닷속은 햇빛도 잘 유입되지 않아서 광합성을 해야 하는 플랑크톤 같은 생물에게도 치명적입니다. 따라서 해양 생태계를 이루는 모든 생물이 어떤 방식으로든 심각한 해를 입는 것이지요.

북태평양의 쓰레기섬은 우리나라에서 아주 멀리 떨어져 있지만, 이곳의 쓰레기를 수집해서 분석한 결과 우리나라에서 만든 제품들도 발견되었습니다. 반대로 말하면 여기에서 나온 미세플라스틱이 우리 밥상에 올라와 몸에 축적될 수도 있다는 뜻이겠죠. 전 세계의 바다는 모두 이어져 있고 곳곳으로 흐르는 해류가 존재하므로 나와 멀리 떨어진 곳에 있는 해양 쓰레기라도 내게 직접적으로 문제를 일으킵니다. 전 세계가 함께 나서야 하는 일인 것이죠.

거대한 바다에서 발생하는 문제를 해결하는 주인공은 궁극적으로 우리 각자여야 합니다. 우주에서 내려다본 '푸른 구슬' 같은 지구의 모습이 변하지 않도록 다 같이 노력해야겠습니다.

# 극지의 눈물, 지구의 위기

여러분도 알다시피 지구의 북쪽과 남쪽 끝에는 북극과 남극이라는 거대한 극지가 존재합니다. 지구의 자전축이 지표와 만나는 지점을 통상 북극점과 남극점이라 부릅니다. 위도로 따지면 각각 북위 90°와 남위 90°인 곳입니다. 참고로 위도가 0°인 곳은 적도입니다.

북극과 남극의 경계와 범위는 구분하는 기준이 다양하지만 일반적으로는 위도를 기준으로 합니다. 북극은 북위 66.33° 이상의 북쪽 지역, 남극은 남위 60° 이상의 남쪽 지역을 가리키지요. 이러한 고위도 지역은 지표면에 도달하는 태양 복사 에너지가 적어서 기온이 매우 낮습니다. 극지의 대표적인 이미지가 얼음과 추위인 이유이기도 합니다. 여기까지만 보면 남극과 북극은 특징이 비슷해 보이지만, 구체적으로 살펴보면 남극과 북극 주변에 분포하는 바다와 육지의 분포 차이로 인해 서로 꽤 다른 양상을 보입니다.

남극은 지구에서 5번째로 큰 대륙이자 가장 추운 곳입니다. 면적은 지구 전체 육지 면적의 약 9.2%를 차지할 정도이고, 겨울철 평균 기온은 영하 34.4℃에 이르죠. 기록된 역대 최저 기온은 무려 영하

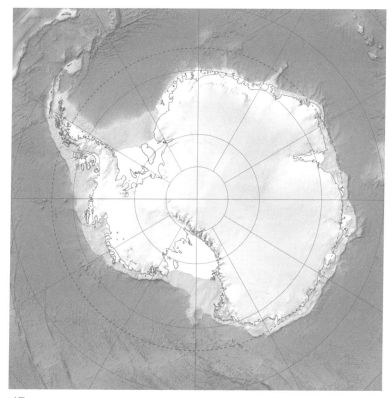

남극

89.4℃나 됩니다. 남극 대륙은 주변으로 차가운 바닷물이 빙빙 돌고 있어서 난류가 유입되기 어려워 대륙의 찬 기온이 계속 유지될 수 있습니다. 그래서 북극보다 남극이 훨씬 더 춥지요. 남극 대륙의 빙하 두께는 무려 평균 2.1km가 넘고, 가장 두꺼운 곳은 거의 4.8km에 이른다고 해요. 남극의 빙하는 지구 전체 얼음의 90%이자 전 세계 담수의 70% 이상을 차지합니다.

빙심(ice core)을 채취한 모습

출처: (좌)NASA, (우)NSIDC

남극 대륙 지표에 눈이 쌓이고, 기온에 따라 살짝 녹았다가 다시 어는 과정을 반복하면서 얼음이 계속 쌓입니다. 그렇게 얼음 입자들이 쌓이면 위에서 누르는 압력도 점차 강해져요. 압력이 세질수록 얼음 입자들이 더 단단하게 결합해서 나중에는 공기조차 통할 수 없을 정도로 밀도가 높은 빙하가 되죠. 빙하가 쌓이는 과정에서 먼 옛날 눈이 내릴 당시의 대기 정보를 담은 공기 방울이 얼음 사이에 갇혀 있기도 합니다. 이 얼음을 채취해서 연구하면 과거의 기후 정보를 얻을 수 있지요.

남극의 극한 환경은 사람이 살아가기에 적합하지 않아서 거주지로는 남극에 아무도 살고 있지 않습니다. 더불어 1959년 12월에 체결된 남극조약에 따라 남극은 어느 국가의 영토에도 포함되지 않고 평화적·과학적으로만 연구 활동을 할 수 있도록 보존되고 있습니다.

우리나라도 남극을 과학적으로 연구하기 위해 회원국으로 가입했지요. 현재는 남극에 세종과학기지와 장보고과학기지 두 곳을 운영

하고 있습니다. 이곳에서는 기후, 생명, 해양, 지질 등 다양한 분야를 연구하는 과학자들뿐 아니라 남극기지에서의 기본적인 생활과 시설 등을 관리하는 대원들이 함께 지냅니다. 강한 눈보라와 추위로 연구와 생활이 쉽지는 않지만, 1988년 세종과학기지가 건설된 이래 꾸준히 성과를 누적하고 있습니다.

남극은 매우 춥고, 건조하고, 바람도 강한 곳입니다. 그런데 이렇게 극한 환경에도 적응하며 살아가는 생물들이 있습니다. 이들은 극지 생태계를 이뤄 서로 의지하며 조화롭게 살고 있죠. 남극에는 주로 이끼류 식물이 분포하고 있고, 차가운 바다에 서식하는 크릴은 남극 동물들에게 아주 중요한 먹이가 됩니다. 특히 고래의 대표적인 먹이로 알려져 있어 수많은 고래가 남극 주변 바다를 고향으로 두고 있습니다. 크릴은 고래 이외에도 바다표범, 물개 등 다양한 바다 동물의 먹이가 되기 때문에 극지 생태계에서 가장 기본이 되는 생물입니다.

남극의 대표적인 동물인 펭귄도 있습니다. 펭귄은 약 6천만 년 전 바다새에서 갈라져 나와 남반구에서 기원한 뒤 쭉 서식해 왔으며, 오늘날에는 비행 능력 대신 뛰어난 잠수와 헤엄 실력을 갖춘 동물로 진화했습니다. 거대한 육상 포식자가 거의 없는 남극에서 추위를 견딜 수 있는 다양한 전략들(차가운 물이 스며들지 못하는 깃털, 두꺼운 지방층, 혈관의 열 교환 기능, 허들링 습성 등)을 발달시키며 남극의 상징으로 자리매김했습니다.

한편 북극은 남극과 달리 고립되어 있지 않고 주변 국가나 바다

북극

와 연결되어 있습니다. 북극의 면적은 약 2,100만 km²로 지구 지표면의 약 6%에 해당합니다. 북극권에 속하는 나라로는 러시아, 노르웨이, 핀란드, 미국(알래스카) 등이 있죠. '산타 마을'로 잘 알려진 핀란드의 로바니에미도 북극이 시작하는 위치에 있답니다.

남극과 달리 북극에는 실제로 사람들이 살아가고 있습니다. 특히 이누이트(Inuit)라고 불리는 원주민이 대표적입니다. 이누이트뿐 아니라 사미(Saami), 애서배스카(Athabaskan) 등 50만 명이 넘는 원주민이 북극 지역에 살고 있다고 해요.

북극 거주민들과 환경, 다양한 생물들을 보호하기 위해 1996년부터 북극이사회가 설립되어 운영 중입니다. 여기에는 노르웨이, 덴마크, 스웨덴, 캐나다, 미국, 핀란드, 아이슬란드, 러시아까지 8개국이 회원국으로 가입되어 있습니다. 이누이트를 비롯해 6개 원주민 단체도 상시 참여 자격을 가지고 있고요.

북극이사회에서는 북극의 기후, 생물 다양성, 해양 등을 지속적으로 모니터링하고, 발생하는 이슈나 문제에 공동으로 협력하고 대응합니다. 우리나라도 비록 북극권에 위치한 나라는 아니지만 북극이사회에 옵서버(참관국)로 참여하고 있습니다. 2002년에는 노르웨이령 스발바르 제도에 있는 스피츠베르겐섬에 다산과학기지를 설치하고 기후, 빙하, 해양, 생명 등 북극에 관해 다양한 연구를 하고 있습니다.

북극은 주변 대륙과 연결된 육지뿐 아니라 바다까지 포함합니다. 북극해는 1,400만 km² 정도의 넓이로 전 세계 바다 면적의 약 3%를 차지합니다. 겨울에는 대부분 얼음으로 덮여 있지만, 북극해 중에서도 노르웨이해에서 바렌츠해 사이의 바다로 저위도에서 오는 따뜻한 멕시코 난류가 이어지기 때문에 이곳은 다른 북극 지역보다 비교적 기온이 높습니다.

북극에서 가장 추운 곳은 시베리아 지역인데 여기서 관측상 가장 낮은 영하 67.3°C가 기록된 바 있습니다. 남극 대륙은 어디든 매서운 추위를 보이는 반면, 북극은 지역마다 기온에 편차가 있다는 점도 남극과 구별되는 특징입니다.

북극 역시 남극과 유사하면서도 다른 극지 생태계가 형성되어 다

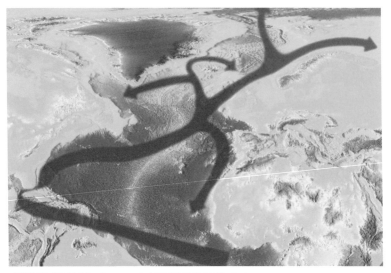
따뜻한 멕시코 난류(gulf stream)가 북극해로 유입되는 모습

양한 생물들이 서식하고 있습니다. 플랑크톤에서 시작해 점차 상위 포식자로 이어지는 양상은 비슷하지만, 그 생태계를 이루는 생물상은 꽤 차이가 있지요. 특히 이끼류가 식물의 대부분을 차지하는 남극과 달리 북극에는 나무도 자라고, 무려 3천여 종에 이르는 다양한 식물이 자생합니다. 북극의 여름은 비교적 기온이 높아 얼음층이 녹는 일도 많아서 식물이 살기에 남극보다는 훨씬 더 유리하기 때문이에요.

남극에서 가장 대표적인 동물이 펭귄이라면, 북극을 대표하는 동물은 일각돌고래와 북극곰입니다. 유니콘처럼 긴 뿔이 달린 일각돌고래는 만화나 영화에서 귀여운 캐릭터로 등장한 적도 많습니다. 북극에 서식하는 물고기를 먹고 살며 잠수 능력이 뛰어나다고 해요.

일각돌고래의 천적이 바로 북극곰입니다. 일각돌고래는 얼음 사이에 구멍을 뚫어놓고 숨을 쉬러 올라오는데, 바로 이곳에서 북극곰이 기다리고 있다가 숨을 쉬러 올라온 일각돌고래를 사냥한다고 해요. 북극곰은 약 15만 년 전에 갈색곰(불곰)에서 갈라져 나와 북극의 독특한 환경에 적응해 왔습니다. 검은 피부 위에 난 털은 눈과 얼음으로 덮인 주변 색에 맞게 하얘졌고, 얼굴을 내놓고 헤엄치기에 유리하도록 눈 위치는 더욱 높아졌으며 얼음 구멍에 얼굴을 들이밀기 좋도록 두개골도 작아졌습니다. 빠른 적응력으로 지금껏 북극 생태계에서 최상위 포식자로 자리하고 있지요.

이렇게 남극과 북극에는 각각 고유한 극지의 환경과 생태계가 조성되어 있지만, 최근 가속화되는 지구 온난화 때문에 두 곳 모두 시름을 앓고 있습니다. 북극 바다에서는 해빙 면적이 눈에 띄게 줄어들고, 남극에서는 빙상과 빙붕이 급격히 녹아내리고 있습니다.

사람들은 흔히 빙하가 녹으면 해수면이 높아지는 것만이 문제라고 생각하지만, 더 근본적인 문제는 태양에너지의 과도한 유입입니다. 극지에서는 표면을 덮고 있는 눈과 얼음이 지구로 오는 태양에너지 중 약 70%를 반사합니다. 따라서 눈과 얼음이 녹아 없어질수록 지표로 흡수되는 태양에너지가 더 많아지고, 이 열이 다시 지구 온난화를 가속하는 악순환이 벌어집니다. 북극과 남극에서 점점 빠르게 빙하가 줄어들면서 바다와 기후, 생태계까지 연쇄적으로 악영향을 미치지요.

전 세계 바다에서 나타나는 거대한 흐름을 '해양 컨베이어 벨트'

라고 합니다. 이 흐름은 북극 주변의 차갑고 밀도 높은 바닷물이 하강하면서 시작됩니다. 그런데 북극의 바다가 따뜻해지면 침강 동력이 사라져 하강하는 힘이 약해지게 되고, 이는 해양 컨베이어 벨트의 흐름을 방해합니다. 이렇게 해류가 달라지면 해류에 영향을 받는 기후 패턴도 요동치겠죠.

또한 앞서 설명한 것처럼 남극 대륙에 있던 빙하가 녹아 바다로 유입되면 바닷물 양이 전보다 많아질 테니 해수면이 자연스럽게 상승합니다. 전문가들은 남극 대륙의 빙하가 모두 녹으면 해수면이 지금보다 약 58m나 더 높아질 것으로 예측합니다. 이는 대략 건물 20층 이상의 높이에 달하는 정도예요. 현재의 바다가 건물 20층 높이까지 더 올라온다면 무슨 일이 벌어질지 상상만 해도 끔찍합니다. 지금은 영화에서나 볼 수 있다고 생각하겠지만, 언제든 현실이 될 수 있는 문제입니다.

북극 상공에는 차가운 공기를 가둬두는 역할을 하는 제트기류가 형성되어 있는데, 북극이 따뜻해지면 제트기류가 약해지면서 느슨해진 틈으로 기류의 경로가 구불구불한 모습으로 나타납니다. 그러면 북극 상공에 갇혀 있던 찬 공기가 더욱 낮은 위도까지 침범합니다. 최근 우리나라에도 겨울~봄에 걸쳐 이례적이고 강력한 한파가 찾아오는 일이 잦아졌지요. '지구는 더워진다는데 겨울은 왜 더 추워질까?'라는 생각을 해본 적 있나요? 그 이유가 바로 지구 온난화로 인해 북극으로부터 더 아래까지 찬 공기가 내려왔기 때문이랍니다.

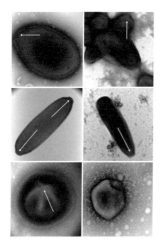

영구동토층에서 발견한
고대 바이러스들

출처: 위키미디어 커먼스

그리고 북극에는 1년 내내 얼어 있는 땅인 영구동토층이 분포하고 있는데, 이곳 역시 온난화로 녹아내리면서 그 아래에 갇혀 있던 온실가스와 각종 바이러스가 대기 중으로 노출됩니다. 특히 북극의 영구동토층 아래에는 상당량의 메테인(CH4)이 매장되어 있다고 알려져 있습니다. 메테인은 강력한 온실 효과를 일으키는 기체이므로 북극에 매장된 메테인이 대기 중으로 방출된다면 지구 온난화는 훨씬 빠르게 앞당겨질 것입니다.

이뿐만 아니라 오랜 기간 땅속에 묻혀 있던 미지의 고대 바이러스나 미생물들은 현재 생물들에게 치명적인 위협이 될 수 있습니다. 실제로 2016년 시베리아에서는 영구동토층이 녹아 노출된 탄저균으로 수천 마리의 순록이 폐사하는 사건도 일어난 적이 있습니다.

지구 온난화로 인한 극지의 환경 변화는 당연히 그곳에서 살아가는 생물들에게 엄청나게 큰 영향을 미칩니다. 발굽으로 눈을 파헤쳐 이끼류를 뜯어 먹고 살던 순록은 눈 대신 비가 내리는 바람에 단단하게 얼어버린 얼음을 깨지 못해서 이끼류 대신 바닷가로 이동해 다시 마를 찾아 먹는다고 해요.

북극곰 역시 북극해의 해빙이 녹으면서 사냥 활동을 제대로 할 수 없게 되자 바다표범을 대신할 먹잇감을 찾아 점차 내륙으로 들어와 순록을 잡아먹기도 하고요. 북극곰과 순록은 북극 내에서도 서로 서식지가 달라 평소대로라면 만날 수 없는 운명이지만, 온난화가 그들을 새로운 생태계로 엮어버린 것입니다. 게다가 원래 먹이가 아닌 다시마를 먹는 순록, 순록을 먹는 북극곰은 당연히 건강할 리가 없지요.

그렇게 꼬여버린 극지 생태계는 혼란하고 취약할 수밖에 없습니다. 남극에 사는 펭귄도 마찬가지로 큰 어려움을 겪고 있습니다. 펭귄은 바닷가와 번식지를 오가며 먹이 활동을 하고 새끼를 키우는데, 눈과 얼음이 녹아 흙이 드러나고 질퍽해진 땅에서는 평소처럼 눈밭을 미끄러지듯 빠르게 이동할 수 없습니다. 먹이를 기다리던 새끼 펭귄이 하염없이 굶주리는 일도 더욱 빈번해졌지요. 이렇게 단편적인 사실들 외에도 극지의 온난화는 여러 생물과 그들이 이루는 극지 생태계를 크게 위협하고 있습니다.

지금까지 살펴본 것처럼 극지는 지구 온난화로 인한 피해가 가장 먼저, 가장 직접적으로 나타나는 곳입니다. 그런데 이렇게 극지에서 나타나는 문제들은 비단 극지 지역에만 국한된 것이 아닙니다.

서울에서 6,400km 정도 떨어진 북극에는 다산기지가 있고, 12,000km 이상 떨어진 남극에는 세종기지와 장보고기지가 있습니다. 우리나라는 왜 이렇게나 먼 곳에 과학기지를 건설해 연구하고 있는 걸까요? 왜 국제 협약을 맺고 전 세계의 나라들이 공동으로 남극과 북극을 보존하고 지키기 위해 함께 애쓰는 걸까요? 그 이유는 극지가 지구 시스템에서 엄청나게 중요한 역할을 하며 지구 전체에 큰 영향을 미치기 때문입니다. 그러니 극지를 연구하고 대응하는 것은 곧 각 나라와 국민을 지키는 일이죠.

지구 전체 시스템은 크게 5개로 구성됩니다. 물 부분인 수권, 기체 부분인 대기권, 단단한 땅으로 이루어진 지권, 다양한 생명체들로 구성된 생물권, 그리고 눈과 얼음으로 된 빙권입니다. 이들이 각각 제 기능을 하면서도 상호작용을 하면서 지구를 유지해 간다고 할 수 있습니다.

이처럼 하나의 거대한 시스템인 지구는 어느 한 곳에서 문제가 발생하면 복잡성과 불확실성을 거쳐 시스템에 속한 이곳저곳에서 전혀 예상치도 못한 영향을 미칠 수 있습니다. 그래서 머나먼 북극에서 시작되고 남극에서 가속화되는 기후 위기가 곧 우리 주변의 문제와 밀접하게 연결되어 있다고 하는 것입니다.

한 시스템에 생기는 사소한 문제도 얼마든지 눈덩이처럼 불어날 수 있는데, 하물며 지구 시스템의 5대 구성 요소인 빙권을 이루는 북극과 남극이 잘못되면 얼마나 큰 문제가 벌어질지 상상하기도 어렵습니다. 새하얀 극지가 녹아내려 눈물을 흘리며 제 모습을 잃고 흙색과 녹색으로 변하지 않도록 관심을 가져야만 우리가 사는 지구 전체를 지킬 수 있습니다.

# 바닷물을 이루는 것들: 반갑거나 두렵거나

여러분은 바닷물을 마셔본 적이 있나요? 사실 바닷물은 마시면 안 됩니다. 우리 몸에 바닷물이 들어오면 위험하거든요. 짠 바닷물을 마셔서 소화기관 안으로 농도 높은 바닷물이 들어오면, 우리 몸 안에 있던 농도 낮은 물이 삼투 현상에 의해 소화기관 안으로 몰려듭니다. 그러면 몸 안에 있던 물이 땀이나 소변으로 과하게 빠져나가 버리죠. 인간은 몸의 약 70%가 물로 구성되는데, 몸 밖으로 물이 갑자기 많이 빠져나가면 탈수 현상을 겪게 됩니다. 즉 바닷물을 마실수록 오히려 몸에 있는 물이 더 부족해지는 결과만 초래하는 셈입니다.

그런데 지구에는 바닷물이 무려 13.5억 km³ 정도의 부피를 차지하고 있습니다. 지구에 있는 모든 물 중 무려 97.5%에 달하죠. 이렇게나 많은 바닷물을 마시지 못한다고 하니 왠지 아깝고 아쉽지 않나요?

그래서 과학자들은 바닷물에 녹아 있는 물질들을 걸러내 쓸 수 있는 물로 만드는 해수 담수화 기술을 연구하고 있습니다. 대표적인 방식으로는 증발법과 역삼투법이 있습니다. 증발법은 바닷물을 수증기로 증발시킨 후 다시 모아 냉각해서 담수를 얻어내는 방식이고, 역

바닷물의 구성(1kg)

물 965.6g ■ 다른 물질(염도) 34.4g

**바닷물의 주요 물질**

염소(Cl⁻) 18.98g ■ 나트륨(Na⁺) 10.556g ■ 황산염($SO_4^{2-}$) 2.649g
■ 마그네슘($Mg^{2+}$) 1.272g ■ 탄산수소염($HCO_3^-$) 0.14g ■ 칼슘($Ca^{2+}$) 0.4g
■ 칼륨(K⁺) 0.38g ■ 기타 0.023g

**바닷물 속 염류 성분**

데이터 출처: NASA

삼투법은 물만 통과하고 물에 녹아 있는 물질들은 통과하지 못하는 막을 만들어서 농도가 높은 바닷물에 물리적 힘을 가해 물을 투과시켜 담수를 얻는 방식입니다. 하지만 이러한 과학 기술을 실제로 많은 사람이 널리 쓸 수 있도록 상용화하는 데에는 엄청난 비용과 에너지가 필요합니다.

이렇게 보면 바닷물에 녹아 있는 것들이 쓸모없거나 해롭게만 보이지만, 사실은 바닷물을 마실 수 없게 만드는 물질들이 바다의 염분과 밀도를 결정하고 지구에 매우 중요한 심층 순환의 동력이 됩니다.

바닷물에 녹아 있는 여러 물질을 통틀어 염 또는 염류라고 하며, 주성분은 나트륨(Na)과 염소(Cl)입니다. 흔히 바닷물이 짜다고 하는 이유가 바로 염화 나트륨(NaCl)인 소금이 가장 많이 녹아 있기 때문입니다. 하지만 바닷물에는 이 외에도 염화 마그네슘($MgCl_2$), 황산 나트륨($Na_2SO_4$), 염화 칼슘($CaCl_2$)을 비롯해 다양한 종류의 염이 포함되어 있습니다.

이 물질들은 대개 육지에 있는 암석의 화학적 풍화 작용을 거쳐 하천을 통해 바다로 유입되는데, 그 양이 매년 약 25억 톤에 달한다고 해요. 그다음으로는 지구 내부에 있던 물질들이 화산 폭발로 방출되었다가 대기에서 바다로 직접 녹아들거나, 하천이나 강을 통해 바다로 들어오는 것입니다.

이렇게 지구 내부와 육지로부터 바다로 유입되는 물질들은 매우 많지만, 그렇다고 해서 바닷물이 계속해서 짜지지는 않습니다. 그 이유는 공급되는 양만큼 제거되는 양이 있기 때문입니다. 바다에 사는 생물들이 자신의 골격을 만드는 데 필요한 물질들을 바닷물에서 가져가기도 하고, 바닷물 내에서 염들이 퇴적물로 침전되기도 합니다. 그래서 현재 지구의 바닷물은 평균적으로 일정한 농도의 염이 유지되고 있습니다.

염분은 물에 녹아 있는 염들의 농도를 의미합니다. 우리가 일반적으로 농도를 표현할 때는 대개 백분율인 %(퍼센트)를 단위로 사용하지만, 염분을 나타낼 때는 천분율을 사용합니다. 바닷물의 구성 비율에서 물에 비해 염이 차지하는 비율이 엄청나게 낮기 때문입니다. 따라서 바다의 평균 염분은 35‰(퍼밀)이라고 표현하지요. 이를 퍼센트로 환산하면 3.5%가 됩니다.

그런데 과학자들은 또 다른 단위인 psu(실용염분단위)를 고안해서

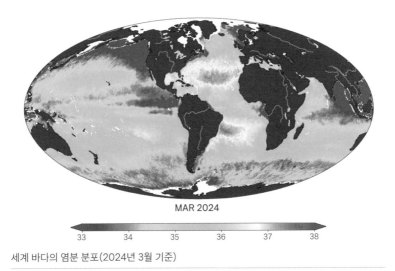

MAR 2024

33    34    35    36    37    38

세계 바다의 염분 분포(2024년 3월 기준)

사용하고 있습니다. 바닷물의 전기전도도를 측정해 표준값과 비교해서 나타내는 수치인데, 혼동을 줄이기 위해 평균 해수의 psu 값을 35로 설정해 두었습니다.

평균 해수의 염분을 편의상 35라고 기록하긴 하지만, 지구의 바다 염분은 장소에 따라 대개 33에서 38 사이의 범위로 조금씩 다르게 분포하고 있습니다. 바다로 공급되는 염의 양은 일정한 편임에도 바다마다 염분이 다른 이유는 물의 양이 다르기 때문입니다. 예를 들어 비가 많이 내리는 지역, 육지로부터 하천이나 강물이 많이 흘러 들어가는 지역, 빙하나 해빙이 녹아 유입되는 지역의 바다는 상대적으로 염분이 낮아집니다.

예를 들어 유럽의 발트해는 담수 유입이 많아서 염분이 10 이하인 경우도 있다고 해요. 반대로 증발량이 많거나 결빙이 잘 일어나는 곳에서는 염분이 더 높아지지요. 사막으로 둘러싸인 홍해는 염분이 41에 이르기도 합니다. 가장 염분이 높은 곳으로 잘 알려진 사해(dead sea)의 염분은 평균 해수 염분의 5~6배에 이르는 정도라고 하는데, 사실 사해는 바다가 아니라 호수로 분류됩니다.

바다의 특성을 결정하는 염분은 해수의 밀도에도 영향을 미칩니다. 해수의 밀도는 바닷물을 움직이게 하는 역할을 해요. 밀도를 결정짓는 요인은 염분 말고도 수온과 수압이 있습니다. 일반적으로 염분이 높을수록, 수온이 낮을수록, 수압이 높을수록 바닷물의 밀도가 높아집니다.

밀도가 큰 해수는 표층에서 해저로 가라앉으며 퍼져나갑니다. 이렇게 수직 방향으로 나타나는 바닷물의 흐름을 심층 해류 혹은 심층 순환이라고 합니다. 해수의 밀도 차이로 일어나는 현상인데, 수압보다는 수온과 염분이 밀도에 미치는 영향력이 크기 때문에 심층 순환을 다른 말로는 열염 순환(thermohaline circulation)이라고도 합니다.

심층 순환은 고위도의 표층에서 시작합니다. 고위도는 낮은 온도가 일정하게 유지되고 있으므로 염분이 밀도에 가장 결정적인 영향을 미칩니다. 구체적으로는 추위로 인한 결빙이 자주 일어나기 때문에 그만큼 물 양이 적어 염분이 높은 편입니다. 그래서 이 지역에서는 차갑고 짠 해수가 침강합니다.

특히 남극 지역에서 가장 밀도 높은 해수들이 만들어집니다. 한

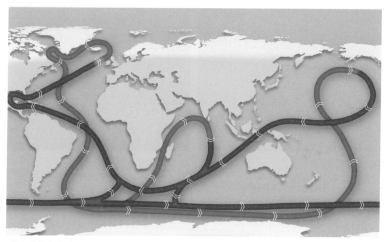
해양 컨베이어 벨트

번 가라앉은 바닷물은 500년~2000년에 걸쳐 아주 느리게 해저를 이동한다고 해요. 이렇게 바다에는 지구 전체에 걸친 거대한 흐름이 있는데, 이 순환이 앞에서 설명한 해양 컨베이어 벨트입니다.

　따뜻한 대서양 표층의 바닷물은 북상한 후 추운 북극 지방에서 차갑고 짠 바닷물이 되어 침강하고, 침강한 심층수는 남쪽으로 쭉 이동해 남극 주변의 바닷물과 만납니다. 이 바닷물이 인도양과 태평양으로 퍼져 나가며 서서히 표층으로 올라가고, 다시 대서양으로 흘러들어 거대한 순환 벨트가 완성되는 것이죠.

　바다는 지구 전체를 수직 또는 수평으로 흐르면서 지구의 열을 순환시키며 전 세계 기후에 큰 영향을 미칩니다. 만약 지구 온난화로 인해 극지방에서 결빙이 일어나지 않고 오히려 빙하가 녹아 염분이

녹조와 적조

낮아지면, 이 지역의 바닷물은 충분히 밀도가 높아지지 못해 심층으로 가라앉는 순환이 시작되지 않겠죠. 그러면 이 거대한 해양 컨베이어 벨트에 문제가 발생하고, 결국 전 지구에서 지금까지 겪지 못한 새로운 기후 변화가 일어나는 것입니다.

지구 곳곳을 흐르는 거대한 바다는 우주에서 내려다보면 아름다운 푸른색이지만, 사실 바다의 색은 매우 다양합니다. 바닷물의 색은 빛이 흡수되고 산란되는 정도에 따라 달라집니다. 일반적으로 맑은 물은 푸른색으로 보입니다. 파장이 긴 붉은 빛을 먼저 흡수하고 파장이 짧은 푸른 빛을 많이 산란하기 때문이죠. 산란된 푸른 빛이 우리 눈에 도달해 푸르게 보이는 것입니다. 바닷물의 양이 적을 때에는 투명하게 보이기도 하고, 깊은 심해는 푸른 빛마저도 다 흡수해 버리므로 빛이 도달하지 못해 컴컴하지요.

과학자들은 바닷물의 투명도를 측정하기도 합니다. 넓고 둥근 투명도판을 바닷속에 수평으로 넣은 뒤 이 판이 보이지 않는 순간까지의 깊이를 측정해서 투명도의 기준으로 삼는 것입니다. 투명도를 측정하는 이유는 바닷물에 포함된 부유물이나 플랑크톤의 양에 따라 투명도가 달라지기 때문입니다. 바닷물이 투명할수록 투명도판이 잠기는 깊이가 더 깊겠죠.

우리는 보통 맑고 푸른 바다가 아름답다고 생각하지만, 오히려 그런 바다는 부유물이나 플랑크톤이 별로 없는 생명력이 부족한 바다일 수도 있어요. 플랑크톤은 바다 생태계에서 아주 중요한 먹이가 되고, 특히 식물성 플랑크톤은 광합성을 통해 산소를 공급합니다. 이러한 플랑크톤이 거의 없다는 건 오히려 바다 생태계에 불리한 상황입니다.

엽록소를 지닌 식물성 플랑크톤이 많으면 바다가 초록빛으로 보입니다. 그런데 플랑크톤이 너무 많이 번식하면 오히려 바다가 붉은색으로 변합니다. 엽록소 외에 카로티노이드 성분이 있는 플랑크톤은 주황이나 빨강 등 붉은빛을 띠거든요. 적조(red tide)라고 부르는 이 현상은 바다에 질소나 인 등의 영양분이 많아지는 '부영양화'와 함께 나타납니다. 한마디로 영양분이 과도하게 많아지면서 플랑크톤도 지나칠 정도로 활발히 번식하는 것입니다.

영양분은 많을수록 좋다고 생각할 수도 있지만, 플랑크톤이 급속도로 늘어나면 바다에 산소가 부족해지거나 독성 물질이 생기기도 합니다. 그러면 바다 생물들의 호흡이 어려워지고, 독성 물질에 중독되어 심하면 물고기들이 집단 폐사하기도 해요. 그래서 적조 발생을 세

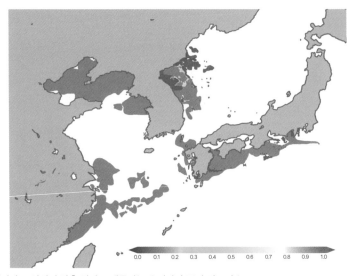

0.0  0.1  0.2  0.3  0.4  0.5  0.6  0.7  0.8  0.9  1.0

천리안2B위성의 관측 결과로 제공되는 우리나라 주변 적조지수

데이터 출처: 국가해양위성센터

심하게 모니터링하고 적조가 발생하지 않도록 노력하고 있습니다. 우리나라도 해양 대기 관측 위성인 천리안2B호를 이용해 적조를 모니터링하고 그 결과를 바탕으로 적조 지수를 제공하고 있답니다.

적조는 자연적으로 일어나기도 하지만, 부영양화를 일으키는 물질의 80%가 육지로부터 유입되므로 축산 분뇨, 생활 하수, 산업 오폐수 등을 줄이거나 적절한 정화 과정을 거친 후에 배출하는 등 관리가 필요합니다. 적조가 발생하면 주로 황토를 살포해서 플랑크톤을 황토에 응집 및 침전시키는 방법으로 방제하지만, 결국 근본적으로는 바다로의 과도한 영양분 유입을 차단하는 노력이 앞서야 할 거예요.

바닷물을 바닷물답게 하는 가장 큰 특징이 바로 다양한 염류를 포함한다는 것입니다. 가장 대표적인 염류인 소금은 인류 역사에서 빼놓을 수 없는 소중한 자원입니다. 로마 시대에는 소금으로 월급을 지불하는 등 화폐와 같은 가치로 쓰이기도 했죠. 우리 몸을 건강하게 유지하려면 반드시 소금을 일정량 섭취해야 하고요. 인간에게뿐 아니라 바다 생물들에게도 염류는 뼈와 껍데기를 만드는 재료입니다. 몸에 단단한 부분을 만들어서 자신을 보호하고 생존을 도모하지요.

　지구에도 바닷물의 밀도 차이를 유발하는 염류는 정말 중요합니다. 전 지구를 순환하며 기후에 영향을 미치는 거대한 바다의 흐름을 만들어내는 것이 다름 아닌 염류니까요. 하지만 지구 온난화와 수질 오염 같은 인위적인 활동으로 벌어지는 문제들이 바다의 염류를 변화시켜 심층 순환을 깨뜨리고 적조를 일으키기도 합니다. 바다가 소중한 만큼 건강하지 못한 바다가 가져올 피해도 엄청날 거예요. 그러니 바닷물이 바닷물로 남을 수 있도록 지켜줍시다. 바다는 적당히 짜야 제맛이지요!

# 저 바다
# 밑으로

넓고 깊은 바닷속에는 무엇이 있을까요? 여기에 호기심을 가지고 심해 탐사에 나선 사람들이 있습니다. 2023년 6월, 무려 1인당 3억 원에 달하는 비용을 지불한 탑승객들이 잠수정을 타고 바닷속으로 들어갔습니다. 약 4km 정도 깊이를 내려가 바다 밑에 가라앉은 타이타닉호의 잔해를 관찰하는 것이 목적이었지요.

하지만 잠수정은 심해의 압력을 이기지 못해 파손되었고, 결국 모든 탑승객이 사망하는 비극으로 막을 내렸습니다. 그만큼 바닷속으로 인간이 들어간다는 것은 과학 기술이 발달한 오늘날에도 여전히 어렵다는 사실을 다시금 확인한 사건이었죠.

우리는 비행기를 타고 11km 정도나 되는 높이의 하늘을 날 수 있고, 미국의 우주 항공 기업에서는 민간인을 태우고 무려 100km 가까운 우주의 시작점까지 다녀오는 우주 관광을 성공시킨 바 있습니다. 이렇게 인간이 하늘과 우주로 나아가는 것은 가능한데, 겨우 수 km에 불과한 바닷속으로 들어가는 일은 왜 이렇게 어려운 걸까요?

바닷속 200m 정도 깊이까지 들어가면 빛이 급격히 줄어들고,

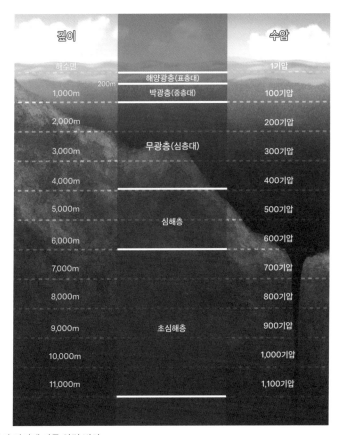

| 깊이 | | 수압 |
|---|---|---|
| 해수면 | | 1기압 |
| 200m | 해양광층(표층대) | |
| 1,000m | 박광층(중층대) | 100기압 |
| 2,000m | | 200기압 |
| 3,000m | 무광층(심층대) | 300기압 |
| 4,000m | | 400기압 |
| 5,000m | | 500기압 |
| 6,000m | 심해층 | 600기압 |
| 7,000m | | 700기압 |
| 8,000m | | 800기압 |
| 9,000m | 초심해층 | 900기압 |
| 10,000m | | 1,000기압 |
| 11,000m | | 1,100기압 |

바다의 깊이에 따른 압력 변화

데이터 출처: NOAA

1,000m쯤 되면 빛이 도달하지 못해 컴컴해집니다. 그러니 생태계 안에서 생산자의 주요 역할인 광합성을 전혀 할 수 없지요. 따라서 전혀 다른 방식의 생태계가 만들어집니다. 더욱이 빛이 도달하지 못한다는 것은 열을 전달하지 못한다는 뜻이기도 하므로 깊은 바다는 아주 차갑습니다. 심해의 평균 수온이 약 4°C라고 해요.

하지만 심해로의 접근이 어려운 가장 큰 이유는 바로 수압 때문입니다. 수심이 10m 깊어질 때마다 압력은 약 1기압씩 커집니다. 200m 깊이의 바닷속에서는 대기압인 1기압에 비해 무려 20배나 압력이 더 세고, 1,000m 깊이에서는 100배나 더 큰 압력이 작용한다는 뜻입니다. 이렇게 센 압력을 견뎌낼 수 있는 잠수정을 만드는 것이 성공적인 심해 탐사의 열쇠가 될 테지요.

지금까지 알려진 바닷속에서 가장 깊은 곳은 마리아나 해구에 있는 챌린저 해연으로 그 깊이가 약 11km에 달합니다. 땅 위에서 가장 높은 산인 에베레스트산이 약 8.8km이니, 에베레스트산을 이 해연에 거꾸로 집어넣어도 다 채워지지 않을 정도의 깊이예요. 이렇게 어마어마한 깊이의 바다 밑을 어떻게 알아냈을까요? 챌린저 해연으로 접근하려면 무려 대기압의 1,000배가 넘는 압력을 이겨내야 할 텐데 말입니다.

사실 유인잠수정을 타고 이 깊이까지 들어가 본 사람은 전 세계에 몇 명 되지 않습니다. 1960년에 처음으로 두 사람을 태운 유인잠수정이 10,912m까지 접근했던 적이 있고, 2012년에는 유명한 영화감독인 제임스 카메론이 이곳에 닿았습니다. 가장 최근에는 2019년 미국의 탐험가인 빅터 베스코보가 잠수정을 타고 챌린저 해연의 수심 10,927m까지 도달해 최고 기록을 세운 바 있습니다.

하지만 심해 탐사의 위험을 감수하며 직접 바닷속으로 들어가지 않더라도 저 바다 밑이 어떻게 되어 있는지 알아내는 방법이 있습니

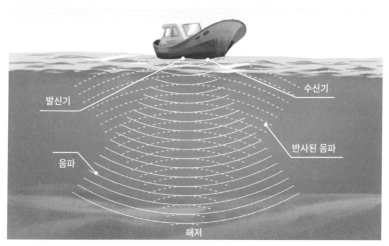

발신기

수신기

음파

반사된 음파

해저

수중 음파 탐지(SONAR) 모식도

다. 바로 수중 음파 탐지(SONAR. Sound Navigation and Ranging)입니다. 흔히 '소나'라고 부르기도 합니다. 1875년에 챌린저 해연을 처음 발견한 것도 이 기술 덕분이었습니다.

바닷물 속에서 소리가 이동하는 속도는 1초에 약 1,500m입니다. 바다에 떠 있는 배에서 바다 밑으로 음파를 발사하면 해저에 부딪힌 후 반사되어 되돌아오는데, 반사된 음파를 수신 장치가 감지해서 왕복 시간을 측정합니다. 해수에서 소리가 이동하는 속도와 왕복 시간을 계산하면 해저까지의 깊이, 즉 수심을 계산할 수 있죠.

예를 들어 음파를 발사한 후 되돌아오는 데까지 20초가 걸렸다면, 해수면에서 해저까지 편도로 이동한 시간은 그 절반인 10초입니다. 여기에 음파의 이동 속도인 1,500m/s를 곱해서 해당 지점에서의 해저 수심이 15,000m라고 계산할 수 있는 것입니다.

음파 탐지 기술이 발전하기 전에는 추가 달린 줄을 직접 배에서 바다 밑으로 던진 다음, 추가 해저에 닿으면 그 줄을 다시 건져 올려 길이를 재는 방식으로 측정했습니다. 이런 방식으로는 얼마나 많은 시간과 노동력이 들었을지 가늠하기조차 어렵죠.

음파 탐지 기술도 처음에는 한 번에 발사하고 탐지하는 범위가 좁았기 때문에 오랜 시간에 걸쳐 조금씩 배를 움직이며 계속 측정해야 했어요. 하지만 점차 넓은 영역을 조사할 수 있는 다중 탐지 기술과 높은 해상도를 지원하는 장비가 발달하면서 효율적으로 해저 탐사를 할 수 있게 되었습니다. 최근에는 해저 지형의 높낮이에 따라 해수면 높이가 미세하게 달라지는 원리를 이용해 인공위성에 레이더 장치를 장착해서 해수면을 관측하는 방식으로 우주에서 해저까지의 거리도 측정해 낼 수 있습니다.

우주의 인공위성으로 해저를 탐사하는 것처럼, 때로는 문제 밖에서 답을 찾아보는 것도 필요합니다. 한 발 물러서서 보면 더욱 창의적인 접근이 가능하기도 하거든요.

# 다양한
# 해저 지형

앞서 설명한 소나(SONAR) 기술을 비롯해 다양한 방법으로 지금까지 알아낸 해저의 평균 깊이는 3,682m입니다. 해저는 깊이가 깊은 만큼 그 모습도 매우 다채롭습니다. 땅 위에서 보는 다양한 지형과 마찬가지로 높이 솟은 산과 산맥도 있고, 깊이 팬 골짜기도 있죠. 너른 평야처럼 편평하게 펼쳐진 곳도 있고요.

일반적으로 해저 지형은 크게 대륙 주변부, 대양저, 대양저 산맥의 3가지로 구분합니다. 육지와 가까운 대륙 주변부에는 대륙붕, 대륙사면, 대륙대가 있습니다. 대륙붕은 육지로부터 이어져 평균 1/10 정도의 완만한 경사를 이루며 바다에 잠기는 곳입니다. 전체 해저의 약 7.5%에 불과하지만 석유나 천연가스 같은 자원이 많이 묻혀 있고, 주요 수산 어장이 있는 곳이라 인간에게 매우 중요한 곳이죠.

대륙붕의 바다 쪽 끝에서 비교적 기울기가 급하게 경사진 곳을 대륙사면이라고 합니다. 대륙사면은 다시 경사가 완만해지는 대륙대와 이어지고, 대륙대는 수백 km 이상 펼쳐져 대양저까지 이르게 됩니다. 바로 이곳에 다채로운 해저 골짜기와 산맥 등이 존재하죠. 마리아

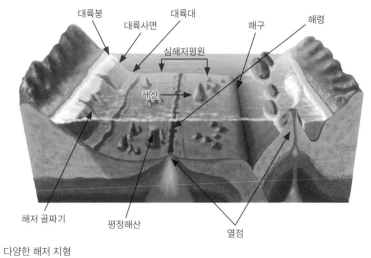

다양한 해저 지형

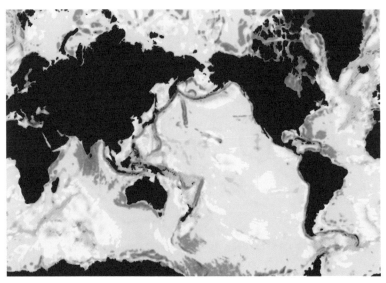

해저 지형도

데이터 출처: ESA

나 해구처럼 골짜기 형태로 이루어져 수심이 깊은 해구, 바다 밑 너른 땅인 심해저평원도 있습니다. 1,000m 이상 높이로 솟아 있는 해산도 여럿 솟아 있지요.

마지막으로 대양저 산맥은 해령이라고도 부르며 길이가 7만 km에 달할 정도로 길게 이어져 있고, 산 정상에 해당하는 가장 높은 중심축은 약 1~3km입니다. 중간중간에는 단층이 여럿 분포합니다.

해저 지형은 대부분 바다 밑에 존재하지만, 높은 해산은 해수면 밖으로 드러나 있기도 합니다. 이런 지형이 바로 섬입니다. 지구에 섬은 셀 수 없이 많지요. 우리나라에 속한 섬만 3천 개가 넘습니다. 우리나라에서 가장 동쪽에 있는 섬 독도는 수면 밖으로 드러난 모습을 보면 2개의 작은 섬으로 보이지만, 바닷속에서 보면 정상부가 평평한 하나의 대형 평정해산이 튀어나와 발달한 것입니다. 이 정상부의 지름은 10km에 달할 정도로 크다고 합니다. 우리가 바다 밑을 연구하지 않았더라면 알 수 없었을 독도의 비밀이죠.

독도는 지질학적인 반전 매력뿐 아니라, 자원이 풍부하다는 점에서도 중요한 가치가 있습니다. 향후 에너지원으로 활용할 수도 있는 고체화된 천연가스인 메탄 하이드레이트가 독도 주변의 해저에 묻혀 있고, 인산염이나 망간단괴 같은 산업용 광물 자원들도 많이 매장되어 있다고 해요. 사실 우리가 해저를 탐사하고 연구하는 이유 중 하나도 바로 해저 및 해양 자원을 확보하기 위해서입니다.

그런데 섬은 국가의 영토이므로 이에 따라 인정되는 영해의 범

독도의 해수면 위 모습

위도 달라집니다. 따라서 해양 자원을 확보할 권리를 얻는 데 이 섬이 영토로 인정받느냐가 결정적인 문제가 되는 상황이 생깁니다. 그래서 세계 바다 곳곳에 영유권 분쟁에 놓인 섬들이 있는 것입니다.

그런데 이렇게 중요한 가치를 지닌 섬들이 해수면 상승으로 점차 사라지고 있다고 해요. 해수면 밖으로 솟아 나온 지형인 섬이 사라진다는 것은 섬이 바다 밑으로 가라앉았거나, 반대로 바닷물의 높이가 섬보다 높아지기 때문입니다. 지구 내부의 운동에 의해 아주 서서히 섬자체가 가라앉는 경우도 있지만, 최근 문제가 되는 사례는 대부분 해수면 상승으로 인한 섬의 수몰입니다.

2023년에 발간된 IPCC(기후 변화에 관한 정부 간 협의체)의 6차 보고서에 따르면, 1901~1971년의 70년에 걸쳐 일어났던 해수면 상승에 비해 2010~2019년의 약 10년간 일어난 해수면 상승 속도가 약 3

투발루

배나 빨랐다고 합니다. 학자들은 온실가스 배출 정도에 따라 21세기 말 해수면의 높이는 46~87cm만큼 더 상승할 것이라고 말합니다. 우리나라도 예외가 아니며, 기상청에서는 21세기 말 한반도 주변의 평균 해수면 높이가 약 28~66cm 상승할 것으로 예측하고 있지요.

이러한 추세 속에서 이미 남태평양이나 인도양, 동남아시아에 있는 섬나라들은 해수면 상승으로 인한 저지대 침수 피해를 직접 경험하고 있습니다. 가장 대표적이고 상징적인 사례가 남태평양의 섬나라 투발루입니다. 평균 해발고도가 2m에 불과한데, 매년 해수면이 약 5mm씩 상승하고 있어 2000년대 초부터 수몰 위험에 놓인 곳이죠. 농경지가 침수되어 농사를 짓지 못하고, 주거 구역도 점점 줄어들고 있습니다. 이렇게 영토가 바다에 잠기면 국가로 인정받기조차 어려워질 뿐 아니라 주민들이 아예 살아갈 수 없을지도 모릅니다. 해수면 상승으로 인해 한 나라 전체를 잃을 수도 있다는 뜻이에요.

우리나라 제주도 역시 해수면 상승으로 인해 침수 피해를 입고 있는데, 예를 들어 용머리 해안의 경우 침수로 인해 탐방로가 폐쇄되는 날이 점점 많아지고 있어요. 섬이 많은 남해와 저지대인 서해안의 침수 위험도도 높은 편입니다. 해양환경공단의 시뮬레이션에 따르면 2100년 해수면이 72cm 상승한다고 했을 때 침수되는 우리나라 국토 면적은 여의도의 약 119배에 달하고, 그로 인한 피해 인구는 약 1만 3천 명이 넘을 것으로 보고 있습니다.

해수면 상승을 일으키는 주원인은 결국 지구 온난화입니다. 지구 온난화로 지구의 바다 수온이 상승하는데, 그러면 열팽창에 의해 바닷물 부피가 커져 해수면이 높아집니다. 열팽창이란 물체가 열을 받아 물체를 구성하는 원자들의 움직임이 활발해지고 원자 간 평균 거리가 멀어져 부피가 늘어나는 현상입니다.

지구 온난화로 육지에 있던 눈과 얼음이 녹아 바다로 유입되는 담수의 양이 많아지는 것도 해수면을 높이는 원인이 됩니다. NASA(미국항공우주국)의 자료에 의하면, 2024년 1월 기준으로 1993년 대비 해수면 높이는 103.3mm나 높아진 상황입니다. 같은 기간에 지구 평균 기온은 0.94℃ 상승했고요. 그러니 해수면 상승 문제를 해결할 방법 역시 기후 변화를 완화하기 위한 전 지구적인 노력으로 귀결되겠네요. 다시 한번 지구가 대기, 해양, 눈과 얼음 등 다양한 구성 요소들이 상호작용하는 거대한 시스템임을 깨닫게 됩니다.

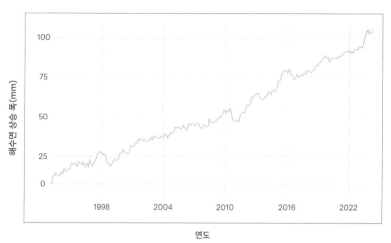

1993년 이후 해수면 상승 폭 변화 그래프

데이터 출처: NASA

　바닷속은 인간이 쉽게 접근하기 어렵기 때문에 두려움의 대상이기도 하지만, 한편으로는 자유로운 상상이 가능한 곳이기도 합니다. 미지의 심해 괴물이 사는 곳이자 스폰지밥과 인어공주가 사는 곳이기도 하고요. 보물이 숨어 있는 난파선이 지닌 비밀도 있고, 신비로운 해저 도시의 전설도 많습니다.

　하지만 다양한 과학적 연구로 우리가 밝혀낸 저 바다 밑은 풍부한 자원과 특색 있는 생태계가 존재하는 곳, 단단하고 다양한 지형과 그 지형들을 끊임없이 움직이는 지구의 역동성을 살펴볼 수 있는 곳입니다. 우리가 살아갈 섬과 땅들이 바다 밑으로 잠기는 것은 누구도 바라지 않을 거예요. 바다에 관한 흥미나 호기심과 함께, 지구 온난화에 맞서 소중한 바다를 지키려는 노력을 꼭 잊지 않도록 해요.

# 생명의 기원이자 터전, 바다

우주에 지구가 탄생한 뒤로 약 46억 년이 흘렀습니다. 초기에는 우주를 떠다니던 수많은 파편이 지구에 충돌하면서 지구는 매우 뜨거운 상태였습니다. 이 열에 녹은 무거운 금속들은 지구 중심부로 가라앉아 내부에 층상 구조가 형성되고, 점차 지구 표면이 식어가면서 지각이 만들어졌습니다.

6억 년 정도 지나자 충돌은 점점 줄어들고 초기의 뜨거웠던 지구는 냉각되면서 점차 안정화되었습니다. 그러면서 대기 중에 있던 수증기는 비가 되어 내리고 지구에 바다가 만들어졌지요. 통상 40억 년쯤 전부터 바다가 형성되었다고 보고 있습니다. 표면에 액체 상태인 바다가 존재하는 행성은 현재 태양계에서 지구가 유일합니다. 바다 덕분에 지구에는 훨씬 다양한 생명들이 살아갈 수 있게 되었습니다.

지금까지 알려진 가장 오래된 화석은 약 38억 년 전부터 만들어진 스트로마톨라이트(stromatolite)입니다. 남세균 혹은 남조류라고 부르는 박테리아(세균)의 일종이 쌓여 남겨진 흔적이죠. 호주 서쪽 지역에 있는 샤크베이에 가면 지금도 만들어지고 있는 스트로마톨라이트

호주 샤크베이의 스트로마톨라이트

를 만날 수 있어요. 우리나라에서 발견된 가장 오래된 화석도 바로 인천 소청도 해안가에서 나온 스트로마톨라이트입니다.

생명의 역사 초기에 바다에서 살았던 남세균은 지구에서 광합성을 한 최초의 생물입니다. 이 점이 매우 중요합니다. 광합성 작용으로 지구에 산소를 공급해 주었거든요. 남세균이 만들어낸 산소는 바닷속에 채워지다가 이윽고 바다를 벗어나 대기 중으로도 나오게 됩니다. 이후 수많은 생물이 산소를 이용해 에너지를 얻는 호흡 과정을 통해 살아가고 있죠.

지구의 역사를 보면 고생대 캄브리아기까지도 모든 생물은 바다에서만 살았습니다. 당시 삼엽충을 비롯해 다양한 무척추동물이 바다 밑에 서식했는데, 이들은 단단한 골격을 갖추었다는 특징이 있습니다. 고생대 이전의 선캄브리아기에는 몸에 단단한 구조가 있던 사례가 거

● 삼엽충

● 둔클레오스테우스 화석

고생대의 생물

의 없어서 생명체의 흔적이 화석으로 발견되는 경우가 매우 드물었어요. 하지만 점차 바닷물에 녹아 있던 탄산 칼슘, 인산 칼슘 등을 이용해 단단한 껍데기를 만든 동물들이 생겨났지요.

이들은 자신을 포식자로부터 보호하기 훨씬 쉬웠으므로 생존과 번식에 매우 유리했습니다. 이렇게 점차 다양한 종류의 생물이 등장하고 새로운 생태 관계들이 형성되었습니다. 그중 무려 약 2억 7천만 년 동안 지구에서 살았던 삼엽충은 고생대를 대표하는 생물입니다. 얕은 바닷가에서부터 깊은 바다까지 매우 다양한 곳에서 서식했고 그 형태와 크기, 종류도 매우 다양했습니다.

고생대 오르도비스기에 접어들면서는 어류 형태의 척추동물이 등장하고, 데본기에 이르러서는 다양한 어류가 번성했습니다. 초기의 어류는 턱이 없었고 피부가 단단했습니다. 그러다 턱이 발달한 어류가 등장했지요.

이는 매우 중요한 사건이었습니다. 턱관절이 생기면서 입을 더 크게 벌려 영양을 더 많이 섭취할 수 있었기 때문입니다. 단단한 턱을 이용해 먹이를 씹어 먹는 행동이 가능해져서 포식자가 될 수도 있었고요. 예를 들어 둔클레오스테우스(dunkleosteus)는 단단한 머리뼈와 날카로운 이빨, 큰 턱, 거대한 몸집을 자랑하며 무시무시한 포식자로 군림했습니다.

데본기를 '어류의 시대'라고도 하는데, 이때 매우 다양한 어류가 진화했기 때문입니다. 오늘날의 상어나 가오리를 포함한 연골어류는 물론 어류 중 가장 많은 수를 차지하는 단단한 뼈를 갖춘 경골어류도 데본기에 출현했습니다.

지느러미가 근육질로 이루어진 실러캔스, 폐어, 총기류 등의 육기어류도 번성했습니다. 이들은 생물이 육상 진출을 이루는 과정을 담고 있기도 해요. 근육질의 지느러미는 땅 위에서 움직일 수 있는 기능의 출발점이 되고, 부레에서 변형된 폐는 물이 부족한 상황에서도 호흡할 수 있죠.

하지만 고생대의 마지막 시기인 페름기 말까지 삼엽충을 포함한 해양 무척추동물 종 중 약 90%가 멸종하는 일이 벌어집니다. 오랜 기간에 걸쳐 초대륙인 판게아가 형성되며 대륙붕의 범위가 감소하고, 활발한 화산 활동으로 대기 중 이산화 탄소가 많아져 온난화로 인해 해양의 심층 순환이 붕괴하는 등 여러 요인이 복합적으로 작용해 바다 환경에 큰 변화가 일어난 것을 대멸종의 원인으로 봅니다.

하지만 대멸종 이후 중생대가 시작되면서 바다에서는 새로운 환경에 적응한 또 다른 생물들이 번성했습니다. 해양 무척추동물 중에서는 연체동물이 번성했는데, 가장 대표적인 생물이 바로 암모나이트(ammonite)입니다. 암모나이트는 오늘날 앵무조개와 유사한 모습의 두족류로, 대부분 나선형으로 이루어진 단단한 껍데기가 있습니다.

중생대에 가장 번성한 동물은 파충류인데, 땅 위에서는 공룡이 대표적입니다. 바다에서는 수장룡, 어룡, 악어, 거북 등의 해양 파충류가 번성했습니다. 무서운 포식자로 묘사되곤 하는 모사사우루스나 틸로사우루스, 목이 긴 수장룡인 엘라스모사우루스와 플레시오사우루스, 오늘날의 돌고래를 닮은 어룡인 이크티오사우루스 등 비록 현재의 바다에서는 볼 수 없지만 우리에게 아주 친숙한 해양 파충류들이 공룡과 함께 이 시대에 살았습니다.

오늘날에도 존재하는 악어와 거북의 조상 역시 이 시기에 서식했는데, 지금보다 훨씬 더 몸집이 거대한 종도 있었습니다. 중생대는 기후가 전반적으로 온난해서 식물들이 커다랗게 자랐고, 이에 따라 몸집이 큰 대형 초식동물과 그들을 잡아먹는 대형 육식동물들까지 함께 번성할 수 있었던 것이죠.

그러나 중생대 역시 대멸종으로 마무리됩니다. 6천 6백만 년 전, 우주에서 온 소천체가 지구와 충돌하면서 운석이 떨어지자 당시 매우

● 암모나이트

● 엘라스모사우루스

중생대의 바다 생물

활발한 화산 활동과 함께 급격한 기후 변화를 일으키며 공룡을 비롯한 거대 동물 대부분이 멸종했다고 알려져 있습니다.

중생대 이후에도 다시 새로운 시대가 펼쳐집니다. 바로 현재까지 이어지고 있는 신생대입니다. 신생대의 주인공은 포유류입니다. 인류가 등장한 시대이기도 하죠. 고생대에 형성된 초대륙 판게아가 중생대 기간에 분리되면서 신생대에 이르러서는 오대양 육대주, 즉 오늘날 지구의 바다와 육지 분포를 이루었습니다.

지구의 새로운 주인공이 된 포유류들은 사막, 숲, 열대림 등 다양한 육상 환경을 비롯해 남극이나 호주처럼 새로 생겨난 지역에까지 적응하며 확산했는데, 이때 독특하게도 바다로 진출해 적응한 포유류 가 바로 고래입니다.

땅 위에 거주하던 포유류 일부가 바다 생활을 하면서 앞다리는 지느러미 형태가 되고, 뒷다리는 사라졌습니다. 콧구멍 위치는 머리 위로 이동하고 헤엄치기에 유리한 꼬리지느러미가 발달했죠. 한편 온 난하고 얕은 바다에서는 산호가 번성해 초(reef)를 이루며 해양 생태 계의 중요한 터전을 마련했습니다. 이렇게 오랜 시간 지구에서 수많 은 생명이 바다를 삶의 터전으로 삼고 살아왔습니다. 새로운 환경에 적응하며 진화하기도 하고, 반대로 적응에 실패해 멸종을 겪기도 했 고요.

그런데 지구에 인류가 등장한 이후, 특히 최근에는 인간의 활동 으로 인해 인위적인 멸종 위기에 처한 해양 생물이 많아지고 있습니 다. 신생대에 새로운 지위를 차지한 고래와 산호를 포함해서 말이죠. 세계자연보전연맹(IUCN)에서는 전 세계 생물들의 보전 상태를 등급 으로 기록하고 있는데 절멸(EX), 야생절멸(EW), 위급(CR), 위기(EN), 취약(VU), 준위협(LR), 관심대상(LC)으로 구성되어 있습니다. 이 중 위급(CR), 위기(EN), 취약(VU)까지의 세 등급을 멸종 위기로 판단합 니다.

2025년 3월 기준으로 무려 47,187종이 멸종 위기에 처해 있습니 다. 이는 전체 기록된 생물종의 약 28%를 차지하는 수준이라고 합니 다. IUCN에는 연안, 갯벌, 심해를 포함해 바다를 기반으로 살아가는

산호의 건강한 모습 vs 백화현상이 일어난 모습

출처: (우)위키피디아

해양 생물이 19,357종 등록되어 있는데, 이 중 멸종 위기 등급에 해당하는 생물은 약 10% 정도입니다.

특히 산호는 현재 약 44%가 멸종 위기에 처해 있으며 1995년 이후부터 급격히 감소하고 있다고 해요. 산호는 식물이라는 오해를 많이 받지만 엄연히 자포동물에 해당합니다. 촉수를 이용해 플랑크톤 같은 다른 생물을 잡아먹기도 하지만, 대개는 산호에 붙어 사는 매우 작은 조류들이 광합성을 하면서 생성한 영양분을 산호에게 나눠주는 방식으로 공생하며 살아갑니다. 원래 산호는 색이 없습니다. 우리가 아는 화려하고 알록달록한 산호는 사실 산호에 붙어 사는 다양한 조류가 함께 띠는 색이지요.

산호가 주로 얕은 바다에 서식하는 이유는 햇빛이 잘 들어 조류의 광합성이 활발히 일어나는 곳이기 때문입니다. 이렇듯 산호는 조류와 밀접한 관계를 이루면서 살아가는데, 최근 이 공생 관계가 무너지면서 산호의 백화 현상이 두드러지고 있어요.

바다의 수온이 높아지고 산성화가 심해진 것이 주원인입니다. 수온이 높아지면 조류는 독성 물질을 배출하고, 바닷물이 산성화되면 산호가 골격을 제대로 형성하지 못합니다. 산호와 조류가 건강하게 함께 살 수 있는 조건을 만족하지 못하니 조류는 산호를 떠나고, 홀로 남은 산호는 색을 잃어 하얗게 보입니다. 이것이 백화 현상입니다.

바다의 수온이 높아지고 산성화되는 이유는 대기 중 이산화 탄소의 양이 많아졌기 때문입니다. 이산화 탄소가 일으키는 온실 효과로 인해 바다도 온난해지고, 대기에서 바다로 녹아드는 이산화 탄소가 많아지면서 바다에 융해된 이산화 탄소가 탄산을 형성해 바다를 산성화하는 것이죠.

그러나 산호의 위기는 단지 산호라는 한 생물종만 처한 문제가 아닙니다. 산호를 기반으로 형성된 지형인 산호초에서 살아가는 물고기의 종류가 무려 1,500종에 이른다고 해요. 산호초는 풍부한 생물 다양성을 자랑하는 해양 생태계의 핵심 지역입니다. 아름다운 경관과 다양한 해양 생물 자원을 얻을 수 있어 인간에게도 경제적인 가치를 제공하고, 연안의 침식이나 태풍을 막는 역할도 합니다.

바다 포유류인 고래도 한 생물종 이상의 가치와 역할을 하는 중요한 존재입니다. 고래 한 마리가 몸 안에 저장하는 탄소가 무려 평균 33톤이나 된다고 해요. 이는 나무 1,500그루가 1년간 흡수하는 탄소량에 해당합니다. 고래의 배설물은 바다 생태계의 근간이 되는 식물성 플랑크톤에게 영양분을 제공하는 중요한 역할을 해요. 이렇게 자

<스피츠베르겐 근처 네덜란드의 고래잡이들>(1690), 아브라함 얀스 스토르크

란 식물성 플랑크톤은 상위 포식자들의 먹이가 되어 생태계를 건강하게 할 뿐 아니라, 광합성으로 이산화 탄소를 흡수하고 산소를 배출하기도 하죠.

하지만 전 세계에 분포하는 고래 약 90종 중 무려 20여 종이 멸종 위기에 처해 있습니다. 인간이 고래기름과 고기, 뼈 등을 얻으려고 과도하게 사냥해 온 것이 주요 원인으로 지목되었죠. 그래서 최근에는 상업적 고래잡이를 줄이려 노력하고 있습니다. 더불어 해양 온난화와 산성화로 인해 주식인 크릴 감소, 주요 서식 환경 변화, 대형 선박과의 충돌, 버려진 어구로 인한 피해, 석유 시추나 심해 채굴 시 발생하는 음파로 인한 교란 등도 고래의 생존과 건강을 방해하는 요인입니다.

인간이 바다에서 살아가지는 않지만, 육지에서의 인간 활동만으로도 바다의 환경과 생물들에게 막대한 영향을 끼치고 있습니다. 수십억 년 동안 수많은 생물이 바다를 기반으로 살았고 지금도 전체 생물의 80% 정도나 되는 생물들이 바다에 의존하며 살아가고 있습니다. 그러나 지구에 등장한 지 수백만 년밖에 되지 않는 인류, 이제는 지구상에 1종밖에 남지 않은 호모 사피엔스가 그들에게 어마어마한 영향력을 미치고 있는 것입니다.

물론 인간의 활동은 그간 매우 위협적이었지만, 다른 한편으로는 그들을 보호하려고 애쓰고 있기도 합니다. 1992년 국제 협약인 생물다양성협약(CBD. Convention on Biological Diversity)을 채택해 생물종 보호 및 서식지 보전 등에 전반적으로 노력하고 있습니다. 특히 해양 생물과 관련해서는 2023년 공해생물다양성보전협약(BBNJ. Biodiversity Beyond National Jurisdiction)이 타결되어 2030년까지 전 세계 공해(公海)의 30%를 해양보호구역으로 정하기로 했습니다. 이러한 노력으로 다가올 미래에는 인류와 해양 생물들이 태양계에 유일하게 존재하는 소중한 바다에서 모두 함께 건강한 삶을 누릴 수 있길 바라봅니다.

# 해안을 덮치는 두려운 바닷물, 지진해일

2004년 인도네시아 수마트라 지역과 2011년 일본 후쿠시마에서 일어난 지진해일(쓰나미)은 전 세계 사람들에게 지진해일에 대한 경각심과 두려움을 일깨워주었습니다. 벌써 오랜 시간이 지난 일이지만 여전히 종종 매체에 오르내리는 사건이죠.

2004년 12월에 인도네시아 수마트라에서 일어난 지진해일은 무려 규모 9.1에 달하는 지진으로 인해 발생했으며, 시속 700km 이상의 매우 빠른 속도로 지진 발생 15분 만에 주변 해안에 도달했습니다. 인도네시아의 아체(Aceh) 지역 파도의 높이는 51m에 달했고, 저지대 내륙으로 5km나 침범했습니다.

평소 지진해일 발생이 드문 인도양에서 벌어져 지진해일에 대한 대비 및 경보 시스템이 부족했고, 지역 주민들도 지진해일에 관해 잘 알지 못해 더욱 피해가 컸습니다. 이 지진해일은 지진이 발생한 인근 지역뿐 아니라 매우 넓은 범위까지 그 여파가 미쳤기 때문에 지진해일의 광범위한 영향을 체감한 사건이기도 합니다.

수마트라 지역에서 지진해일이 발생한 이후 약 7시간 뒤에는 멀

지진해일로 폐허가 된 해안 마을

리 아프리카 소말리아까지 도달했고, 22시간 후에는 남아메리카의 서해안에서까지 관측되었지요. 인도양에서 발생한 지진해일이 대서양과 태평양에서까지 감지된 것입니다. 이는 지진이 발생한 지점에서부터 지진해일이 모든 방향으로 퍼져나가기 때문이에요. 물론 가장 심각한 피해는 발생 지점과 가까운 지역에서 일어나지만, 지진해일은 국지적 재해가 아니라 지구적 재해라는 점을 다시 한번 일깨웠죠. 이 일을 계기로 인도양에도 지진해일 탐지 및 경보 시스템이 구축되었습니다.

2011년 3월에 일본 후쿠시마에서 일어난 지진해일 역시 규모 9.1의 거대 지진과 함께 나타났습니다. 지진 발생 후 30분이 채 되지 않아 지진해일이 해안에 도달했고, 이와테 지역에서는 최고 높이 40m를 기록하기도 했습니다. 지진해일은 해안가 마을뿐 아니라 후쿠시마 원자력발전소를 강타했습니다.

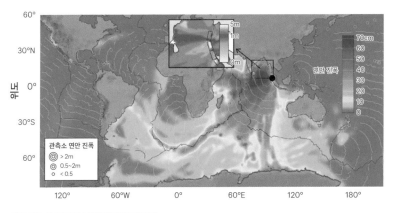

2004년 수마트라 지진해일의 파급력

데이터 출처: NOAA

　냉각수 공급을 위해 해안가에 위치하는 원자력 발전소 특성상 지진해일에 대비한 방어벽을 구축한 상태이긴 했지만, 예상보다 훨씬 더 높이 발생한 해일에 속수무책으로 피해를 입고 말았습니다. 이때 파괴된 원자로에서 유출된 방사성 물질이 인근 토양과 바다를 심하게 오염시켰고, 후속 조치와 대응을 둘러싸고 여전히 전 세계적인 관심과 논란이 계속되고 있지요.

　이 사건이 일어난 지도 벌써 십여 년이 넘었지만, 그동안 파괴된 원자력 발전소에는 계속해서 냉각수를 투입하고 있었습니다. 그 결과로 발생하는 오염수를 처리하는 방안을 둘러싸고 첨예한 논쟁이 있는 상황입니다. 일본 정부는 오염수를 바다로 방류하겠다고 결정했는데, 이로 인한 영향이 어떻게 나타날지는 지속적으로 감시하고 대응해야 할 것입니다. 2011년에 일본에서 일어난 지진해일의 경우, 단지 지진

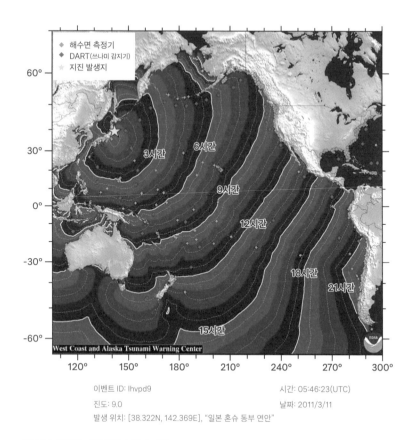

이벤트 ID: lhvpd9           시간: 05:46:23(UTC)

진도: 9.0           날짜: 2011/3/11

발생 위치: [38.322N, 142.369E], "일본 혼슈 동부 연안"

2011년 동일본 지진해일의 전파 시간

출처: 태평양 지진해일 경보센터

해일이 발생했다는 사건을 넘어 지진해일로 인해 원자력 발전소 파괴라는 또 다른 커다란 후속 문제를 야기했다는 점이 특징입니다.

앞서 지진해일은 전 지구적으로 영향을 미치는 사건이라고 했습니다. 일본에서 일어난 지진해일 역시 환태평양에 위치한 25개 나라는 물론 남극, 대서양에 맞닿은 브라질 해안에서까지 감지되었습니다.

하지만 태평양 지진해일 경보 시스템 덕분에 일본 이외의 지역에서는 그 피해가 거의 없었죠. 이렇듯 지진해일은 무시무시한 재해이긴 하지만 잘 알고 대비하면 피해를 크게 줄일 수 있습니다.

국제 용어로는 쓰나미(tsunami)라고 불리는 지진해일은 해저의 지진이나 단층, 해저 화산 폭발, 해저 산사태처럼 해저에서 큰 변동이 일어나는 경우에 나타납니다. 해저에서 땅이 수직으로 이동하는 일이 생기면 그 충격이 바닷물로 전달되죠. 지진해일이 발생하면 즉시 모든 방향으로 퍼져 나가지만, 충격이 전달되는 장소의 지형에 따라 그 영향은 다르게 나타납니다.

넓고 깊은 바닷속에서 전달 속도는 시간당 수백 km에 달하며, 이때 전달되는 에너지는 매우 긴 파장으로 나타납니다. 그래서 바다 한가운데에서는 긴 파장에 비해 파고가 낮아 완만한 형태를 보이기 때문에 눈에 잘 띄지 않죠. 하지만 수심이 낮은 해안에 가까워질수록 파고가 위로 솟아오르면서 매우 높은 파도가 됩니다.

바닷속에서 지진해일의 속도는 수심과 관련이 있는데, 얕은 곳으로 다가올수록 해저 바닥에 닿는 물 입자들은 그 속도가 느려집니다. 즉 파도 아래쪽은 위쪽보다 속도가 느려지므로 파도의 윗부분이 더 앞서 나가게 되어 파도의 모양이 육지 쪽으로 기울어지게 되는 것입니다. 해안가로 다가오면서 점점 느려지는 속도 때문에 바닷물은 더 몰리고, 얕은 수심으로 인해 모인 바닷물이 계속 위로 쌓이면서 파도의 높이가 급격히 높아지는 것이죠.

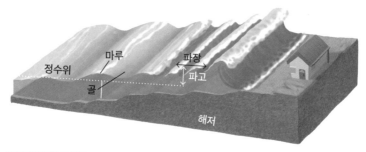

지진해일 발생 모식도

　지진해일은 여러 차례에 걸쳐 일어나기도 합니다. 1차 해일이 닥친 후에 바닷물이 후퇴했다가 다시 더 큰 2차 해일이 이어지기도 하는데, 바닷물이 후퇴할 때의 에너지도 엄청나서 해안에 있는 구조물을 함께 쓸어가 버리기도 해요. 혹시나 1차 해일이 약하다고 해서 안심하기는 이릅니다. 다가올 2차 해일이 보통 1차 해일보다 더 세거든요. 이렇게 여러 차례 오는 지진해일은 수 시간 동안 계속해서 일어날 수도 있습니다.

　지진해일 이외에 폭풍해일도 있습니다. 지진해일은 원인이 바다 밑 땅에서부터 발생하는 반면, 폭풍해일은 그 원인이 바다 위 대기에 있어요. 주변보다 중심 기압이 낮은 태풍은 그 중심 부근의 해수면을 끌어올리는 효과가 있습니다. 여기에 바람의 효과로 공기가 수평 방향으로 이동하면 바닷물을 밀고 가면서 그 진행 방향에 있는 해수면을 더 높게 만듭니다. 이렇게 만들어진 해수면 상승 효과가 해안으로 접근하면 폭풍해일이 되는 것입니다.

지진해일이나 폭풍해일과 같은 재해는 주기적으로 일어나는 것이 아니라서 인간이 통제하기 어렵습니다. 하지만 최근에는 예보 기술 및 경보 시스템이 발달하면서 지진이나 태풍의 발생과 그 진로를 예측해 동반되는 지진해일과 폭풍해일에 대비할 수 있습니다. 해일 현상과 발생 원리에 관한 연구 및 그간 누적된 사례들을 통해 여러 대처법도 구축되어 있지요.

지진해일이 발생하면 우선 바다의 반대 방향에 있는 높은 지대로 신속하게 대피하는 것이 가장 중요합니다. 지진해일은 빠르게 바닷물이 덮쳐 익사할 위험도 있지만, 파도의 강한 에너지로 인해 건물이나 구조물 등이 부서지면서 잔해물에 부딪칠 위험, 바닷물이 후퇴할 때 그 힘에 빨려 들어가 바다에 휩쓸려 갈 위험도 못지않게 큽니다. 그러니 지진해일 위험 지역에 가는 경우 사전에 그곳이 위험하다는 것을 인지하고 있어야 합니다. 대피 장소도 꼭 알아둬야 하겠죠.

지진 발생 위험이 높은 지역이 지진해일의 발생 위험도 높습니다. 따라서 지진이 감지되거나 경보가 발령되면 해안가 저지대에서는 지진해일의 발생 가능성을 염두에 두고 사전에 대피하는 것이 좋습니다. 눈에 띌 정도로 해수면 높이가 달라지거나 파도가 다가올 때 기차가 지나가는 것과 비슷한 소리가 들리는 경우도 있다고 하니 참고해 두면 좋겠네요.

우리나라는 비교적 지진과 지진해일로부터 안전한 편이지만, 그렇다고 해서 발생 위험과 가능성이 아예 없는 것은 아닙니다. 특히 일

우리나라의 지진해일 대피 관련 안내판

출처: 국민재난안전포털

본 서쪽 바다에서 지진이 일어나면 우리나라 동해안으로 큰 지진해일이 올 수 있지요. 기상청에서는 지진해일 관측망을 두고 모니터링을 지속하고 있으며, 우리나라 주변의 해저 지진 발생과 지진해일 위험도를 바탕으로 지진해일특보를 발령합니다.

지금까지 설명한 대처 방법 외에도 해안가에 방파제를 설치해 해일의 피해를 최소화하려는 대책도 있습니다. 콘크리트처럼 견고한 재료로 거대한 구조물을 설치해서 파도의 힘을 미리 줄이는 방식인데, 이런 인공적 대책은 비용이 많이 든다는 문제가 있습니다.

그런데 인근에 산호초가 발달한 섬들은 지진해일로부터 비교적 안전합니다. 그 이유는 산호초가 방파제와 유사한 역할을 해주기 때문입니다. 지진해일로 발생한 파도가 섬에 닿기 전에 산호초에 부딪혀 부서지는 것이죠. 산호는 해양 생태계의 중요한 일원이자 지진해일에 맞서는 방어벽 역할을 합니다. 그러니 산호를 더욱 보호할 필요가 있겠습니다.

지진해일처럼 바닷물의 운동은 인간에게 큰 재해이기도 하지만, 해수면이 주기적으로 오르락내리락하는 현상인 해파(sea wave)는 유용한 에너지를 제공하기도 합니다. 물론 파도가 에너지원으로 활용이 가능하려면 지진해일과는 달리 바람에 의해 주기적으로 형성되어야 합니다.

파력 발전에 관해 간단히 설명하면, 파도의 움직임으로 생겨나는 위치 및 운동에너지를 기계적인 운동에 적용한 뒤 이를 다시 전기로 바꾸는 방식입니다. 자연의 에너지를 우리가 필요한 형태로 변환해서 사용하는 것이죠.

우리가 바다를 비롯한 자연과 지구에 관해 깊게 이해할수록, 위협적인 요인에 더욱 잘 적응할 수 있을 뿐만 아니라 유용한 요인을 발견해서 현명하게 활용할 수도 있을 거예요. 물론 기후 변화로 인해 자연 재해를 예측하는 일이 점점 어려워지고 있지만, 그만큼 인간의 과학과 지혜도 더욱 발전하고 있으니 앞으로는 재해로 큰 피해를 입는 일이 줄어들었으면 하는 바람입니다.

# 썩는 플라스틱이 상용화된다면?

바이오플라스틱(bioplastic)은 식물 전
분, 짚, 톱밥 같은 재생 가능한 원료로
생산되는 플라스틱입니다. 만약 바이
오플라스틱이 상용화된다면 쓰레기
섬처럼 플라스틱으로 인한 환경 문제
들이 모두 사라질까요?

바이오플라스틱으로 만든 식기

　　물론 기술이 더욱 발전해야겠지
만, 현재까지는 여러 가지 한계점이 있습니다. 분해되는 조건이 제한적이라
이들을 분류하고 처리할 시설을 구축해야 하고, 바이오플라스틱을 생산하는
과정에서도 탄소 발자국이 찍힙니다. 또한 플라스틱을 생산할 식물들을 키
우기 위해서는 인간의 식량 자원도 상당수 포기해야 하는데, 사실은 바이오
플라스틱에서도 미세플라스틱이 발생합니다. 결국 바이오플라스틱은 근본
적인 해결책이 아니며 친환경이라는 이미지로 기술을 과대 포장한다는 주
장도 있는 상황입니다.

　　여러분의 생각은 어떤가요? 바이오플라스틱 기술을 적극적으로 발전시
켜 플라스틱 문제의 주요 해결책으로 삼아야 할까요? 아니면 플라스틱 사용
자체에 대해 더 근본적인 해결책이 필요하다고 생각하나요? 자신의 생각을
적어보세요.

내 생각은···

# 2장

# 대기

## 푸른 하늘과
## 깨끗한 공기를 되찾으려면

# 서쪽으로부터 오는
# 손님

2019년부터 코로나19를 겪으면서 사람들에게 필수품이 된 물건이 있습니다. 바로 마스크입니다. 2021년 한 해 우리나라의 연간 마스크 소비량만 73억 개였고, 전 세계에서는 한 달에 1,290억 개 정도의 마스크를 사용하는 것으로 추산되었습니다.

마스크에는 필터 역할을 하는 폴리프로필렌(PP)이라는 재료가 들어갑니다. 폴리프로필렌은 플라스틱의 일종으로, 고온에서 녹인 후에 멜트블로운(melt-blown) 공법으로 가는 실처럼 뽑아내서 마스크 안에 넣습니다. 매우 촘촘하고 불규칙하게 얽혀 있는 데다 후공정에서 전극을 흐르게 하면 정전기 효과를 띠게 되어 미세한 입자들을 막아주는 기능을 할 수 있습니다.

여러분이 사용한 일회용 마스크를 분해해 보면 부직포 안쪽에 이 필터가 들어 있는 것을 직접 확인할 수 있을 거예요. 마스크는 이렇게 외부로부터 유입되는 유해 물질이 호흡기를 통해 몸속으로 들어오는 것을 막기 위해 사용됩니다.

코로나19가 발생하기 전에는 주로 황사와 미세먼지로부터 몸을

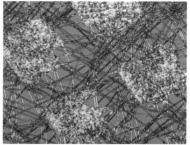

마스크 내부의 필터

보호하는 용도로 마스크를 사용했죠. 코로나19로 인해 한동안 중국에서도 산업 활동이 중단되거나 감소하면서 황사와 미세먼지에 대한 문제도 비교적 줄어든 편이지만, 코로나19 이후의 일상이 완전히 회복되어도 마스크를 늘 지니고 다녀야 건강을 지킬 수 있는 상황은 여전해 보입니다.

여러분도 잘 알다시피 황사는 주로 우리나라 서쪽에 있는 중국에서 유입됩니다. 특히 황사의 발원지는 중국과 몽골의 사막 지역이라고 알려져 있죠. 이들 지역에서 모래 입자들이 대기 중으로 상승한 후, 바람을 따라 이동하다가 한반도에 이르러 하강하면 우리나라에 황사가 발생합니다. 그런데 사실 황사뿐 아니라 바람과 구름 등 상층 대기에서 움직이는 물질이나 현상들은 거의 모두 서쪽에서 옵니다. 그래서 날씨를 예측할 때도 서쪽 하늘을 먼저 관측해야 하죠.

지구는 둥글어서 위도마다 태양에너지를 받는 정도가 다릅니다. 적도와 저위도 지역은 상대적으로 열을 더 많이 받아 덥고, 극 지역과

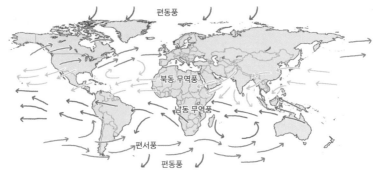

편동풍

북동 무역풍

남동 무역풍

편서풍

편동풍

지구의 바람 패턴

고위도 지역은 상대적으로 열을 덜 받아 춥죠. 지구를 둘러싼 대기도 마찬가지입니다. 그래서 적도 주변의 더운 공기는 상승하고 극지 주변의 차가운 공기는 하강합니다. 이것이 가장 기본이 되는 지구 대기의 큰 흐름입니다.

한편 지구는 끊임없이 자전하고 있습니다. 대기의 흐름 역시 이 회전으로 인한 영향을 받습니다. 북반구에서는 운동하는 물체의 진행 방향의 오른쪽, 남반구에서는 진행 방향의 왼쪽으로 전향력(코리올리 힘)이라는 힘이 작용합니다. 여기에 중위도 상공에 형성되는 수렴대가 더해져 이들이 복합적으로 작용해 전 지구 대기의 평균 흐름인 '대기대순환'을 이룹니다.

대기대순환은 위도에 따라 저위도(적도~30°), 중위도(30°~60°), 고위도(60°~극)의 3가지 패턴으로 구분되며, 각각 무역풍(북반구에서는 북동무역풍, 남반구에서는 남동무역풍), 편서풍, 편동풍(극동풍)이 전반적으로 나타나는 구조입니다. 그래서 저위도와 고위도에서는 동풍이 우세하고, 중위도에서는 서풍이 우세하죠.

무역풍이라는 이름이 붙은 이유는 과거 유럽과 아프리카에서 아메리카 대륙으로 이동할 때 대서양 저위도에 부는 동풍을 타고 항해를 했기 때문이에요. 무역풍을 타고 아프리카에 있는 사하라 사막의 모래들이 아메리카의 아마존 지역으로 이동합니다. 우리나라에 황사가 발생하는 것과 똑같은 현상이죠.

우리나라는 중위도에 속하기 때문에 전반적인 상공의 대기 흐름은 편서풍으로 나타납니다. 서쪽에서부터 바람이 불어온다는 뜻이죠. 물론 특정 지형, 시간 등에 따라 지엽적인 바람 방향은 복잡하게 나타나지만, 평균적인 흐름은 서풍입니다. 그래서 다양한 기상 현상 역시 대부분 서쪽에서부터 발원하므로 서쪽 하늘을 보면 날씨를 예측할 수 있습니다.

우리나라 속담 중에 "아침 무지개가 뜨면 비가 온다."라는 말이 있습니다. 무지개는 대기 중의 물방울에 빛이 굴절되어 나타나는 현상으로 태양 반대쪽에서 일어납니다. 그런데 아침에 무지개가 떴다는 것은 해가 있는 동쪽의 반대편인 서쪽 대기 중에 물방울이 있다는 뜻이죠. 그러니 앞으로 다가올 서쪽이 습하다는 의미이므로 비가 올 확률이 높아지는 것입니다.

문제는 이러한 날씨 현상뿐만 아니라 위험한 황사와 미세먼지도 서쪽에서 온다는 점입니다. 사실 황사는 삼국사기에도 기록되어 있을

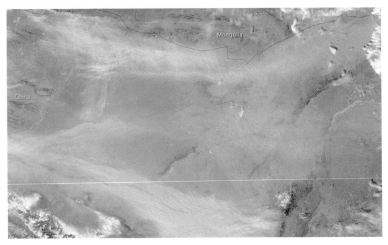

황사를 일으키는 고비사막의 모래들

정도로 오래전부터 나타나던 현상입니다. 주로 건조한 봄철에 중국과 몽골의 사막이나 황토 지대에서 강한 바람에 의해 흙과 모래가 서쪽으로 부는 바람(편서풍)을 타고 이동하다가 서서히 지표로 떨어지는 것이죠.

입자 크기에 따라 이동 거리도 달라지는데, 우리나라까지 도달하는 황사 입자는 $10 \sim 20 \mu m$(마이크로미터) 정도라고 해요. 칼슘, 철, 마그네슘 등 주로 토양 성분을 포함하고 있고요. 황사로 인해 하늘이 뿌옇게 보이고 대기 중 모래 입자들이 햇빛을 막기도 하며, 인체에 호흡기 질환을 일으키고, 쌓인 흙먼지가 식물의 광합성을 방해하거나 정밀한 기계들을 망가뜨릴 위험도 있습니다. 장점도 있는데, 황사로 운반되는 토양 속 성분들이 농작물을 재배할 때 영양을 공급해 준다고 합니다.

환경부에서 제공하는 미세먼지 관련 정보

출처: 에어코리아

　이렇게 장단점이 명확한 자연 현상인 황사는 2000년대 이후로 발생 일수가 증가하고 있습니다. 주로 발생했던 시기인 봄철 외에도 가을이나 겨울 발생 사례 역시 많아지고 있지요. 이에 기상청에서는 지속적으로 황사를 관측 및 감시하며, 대기가 혼탁한 정도에 따라 황사의 강도를 결정하고 심한 경우 특보를 발령하고 있습니다.

　최근에는 미세먼지가 산업 활동으로 인해 대기로 배출된 오염 물질과 섞여 더 큰 문제를 야기하고 있습니다. 자동차나 공장에서 나오는 황산염, 질산염, 암모니아, 중금속 같은 유해 성분들이 포함되어 있고, 그 크기도 매우 작아 인체 속으로 더 쉽게 들어오므로 매우 해롭지요.

　미세먼지(PM. Particulate Matter)는 입자의 크기에 따라 $10\mu m$ 이

하인 PM-10과 2.5μm 이하의 PM-2.5로 구분되는데, 이 중 PM-2.5를 초미세먼지라고도 합니다. 미세먼지나 초미세먼지는 눈이나 코를 자극하고 기관지나 폐에까지 영향을 미쳐서 장기적으로 노출되면 심각한 질병을 유발할 수도 있다고 해요. 따라서 미세먼지는 단순한 기상 현상이 아닌 대기오염으로 인식하고 환경부에서 예보 및 경보를 내리고 있습니다.

우리나라에 황사를 불러오는 편서풍과 지구의 대기대순환을 거스를 수는 없지만, 미세먼지와 같이 인위적인 원인으로 인한 문제들은 우리의 노력으로 해소할 수 있습니다. 동북아시아 지역의 국제 협력을 통해 공동 대응과 해결 방안을 마련하는 등 거시적 수준의 노력도 필요하고, 산업 부문에서 오염 물질 배출을 줄이려는 노력도 필요합니다. 더불어 미세먼지 배출 저감 필요성에 대한 인식 증진과 감시자로서의 시민 역할도 동반되어야겠죠.

이처럼 근본적인 원인을 해소하려는 노력 이전에, 현재 발생하는 미세먼지에 대응하는 안전 수칙을 따르는 것도 중요합니다. 특보가 발령되면 외출할 때 반드시 마스크를 착용해서 호흡기를 보호하고, 손을 자주 씻는 등 개인이 실천할 수 있는 위생 수칙을 지켜야 합니다. 앞으로 인위적인 대기 오염 물질은 줄어들고, 거대한 지구의 대기대순환을 타고 우리를 찾아오는 서쪽 하늘의 손님이 반가운 것들만 가져온다면 좋겠네요.

# 지구를 둘러싼 대기, 그리고 오존층

인간은 하늘을 날 수 없기 때문에 늘 하늘을 동경해 왔습니다. 고개만 들면 바로 볼 수 있는 하늘이지만, 직접 닿기란 참 어려운 일이죠. 지금은 비행기로 일반인들도 하늘에 닿을 수 있음은 물론 하늘을 넘어 우주에까지 도달하는 시대이지만, 역사적으로 꽤 오랫동안 인류는 하늘을 날기 위해 많은 연구와 도전을 해왔습니다.

1500년대 초 레오나르도 다 빈치는 다양한 방식으로 비행의 원리를 고안했고, 우리나라에서는 1590년대에 최초로 하늘을 나는 도구인 비거(飛車)를 발명해 활용했다는 기록이 남아 있습니다. 1783년에는 열기구 형태의 비행체를 타고 고도 500m에서 약 25분간 유인 비행에 성공했고, 1849년에는 글라이더 방식으로 사람이 하늘을 활공했습니다.

그리고 비행의 역사에서 가장 널리 알려진 라이트 형제의 비행기가 12초 남짓 동력 비행에 성공한 때가 1903년입니다. 이렇게 오랜 연구와 도전 끝에 인간도 도구를 이용해 하늘을 날 수 있게 되었는데, 사실 모든 비행의 원리에 숨은 전제는 바로 대기의 존재입니다.

레오나르도 다 빈치의 비행 기계 스케치

1903년 라이트 형제의 첫 비행

　중력으로 지구에 붙잡혀 있는 대기는 약 99%가 지상 30km 이내에 분포하고 있습니다. 지구보다 크기와 중력이 작은 수성이나 달은 기체를 잡아둘 힘이 약해 대기가 존재하지 못하고, 지구보다 훨씬 큰 목성은 중력도 2.5배나 커서 가벼운 수소나 헬륨까지도 붙잡아 두꺼운 대기층을 이루고 있죠.

　지구에 분포하는 대기는 고도가 높아지면서 중력의 영향을 적게 받고, 그에 따라 기압도 낮아집니다. 우리 눈에 보이지는 않지만 공기에도 무게가 있습니다. 이 무게를 힘으로 환산한 것이 바로 기압입니다. 일반적으로 고도가 높아질수록 공기가 희박해지므로 기압은 낮아집니다. 지상의 해수면 고도에서의 평균 기압을 1기압으로 보는데, 상공 5.5km 정도만 높아져도 기압이 약 절반으로 줄어듭니다. 지상에서 가장 높은 산인 에베레스트산 꼭대기에 가면 기압은 0.3 정도밖에 되지 않지요.

　이렇게 계속 올라가다 보면 지구의 대기가 더 이상 영향을 미치

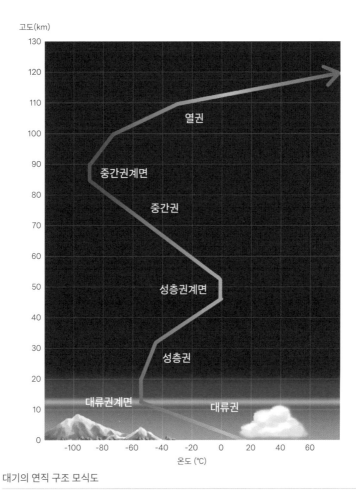

고도(km)

열권

중간권계면

중간권

성층권계면

성층권

대류권계면          대류권

온도 (℃)

대기의 연직 구조 모식도

지 않는 곳이 나타나겠지요? 이곳을 경계로 삼아 하늘과 우주를 구분
합니다. 국제항공연맹(FAI)에서는 그 경계를 고도 100km로 설정하
고 카르만 라인(Kármán line)이라고 부릅니다. 따라서 통상 우리가 하
늘이라고 부르는 높이는 약 100km 정도라고 보면 됩니다. 이 기준을

80km 정도로 수정해야 한다는 주장도 있지요. 이처럼 하늘의 높이, 즉 우주와의 경계를 판단하려면 지구 대기권의 수직적인 구조를 파악할 필요가 있습니다.

대기의 연직(수직) 분포를 보면 크게 4개 층으로 구분되고, 각 층은 고도에 따른 기온의 변화, 구성 기체의 종류 등에 의해 특징이 구분됩니다. 먼저 지상에서 가장 가까운 층은 대류권(troposphere)입니다. 고도가 높아질수록 기온이 낮아지는 경향을 보이고, 우리가 겪는 대부분의 날씨 현상을 일으키는 층입니다. 상승·하강기류로 대기가 활발히 움직이는 대류 현상이 일어나기 때문이지요. 평균적으로는 약 11km 정도의 높이를 대류권으로 칭하지만, 적도에서는 그 높이가 20km에 달하는 반면 극 지방에서는 6km에 그치기도 합니다. 위도와 계절에 따라 기온 역시 달라집니다. 고도가 1km 높아질 때마다 기온은 평균 6.5°C씩 낮아지고, 대류권의 상층 경계부인 대류권계면에서는 최저 기온이 대략 −51°C~17°C의 범위를 보입니다.

대류권 위 지상 11~50km 높이에는 성층권(stratosphere)이 있습니다. 여기에서는 고도가 높아져도 기온이 내려가지 않고 오히려 완만하게 상승합니다. 대류권계면에서의 최저 기온이 −51°C였는데, 성층권에서는 이 온도가 −15°C까지로 올라갑니다. 이는 바로 오존층의 존재 때문입니다.

오존층은 고도 20~25km 높이에 분포하면서 태양으로부터 들어오는 자외선을 흡수하는 역할을 합니다. 자외선은 매우 강력한 에너

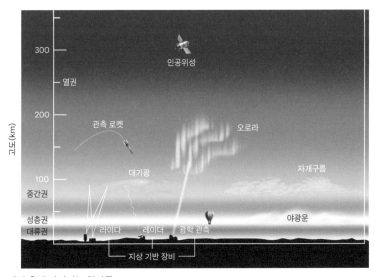

대기 층별 나타나는 현상들

출처: NASA

지이므로 이를 흡수하면서 성층권의 기온이 올라가는 것이죠. 이 현상은 성층권의 대기층을 매우 안정적으로 만들어줍니다. 아래쪽 공기의 온도가 낮고 위쪽 공기의 온도가 높기 때문에 대류가 잘 일어나지 않고, 지구 대기의 약 19% 정도를 포함하고 있지만 수증기가 거의 없어서 날씨 현상도 일어나지 않지요. 그래서 비행기의 운항 고도는 난류의 영향을 피하기 위해 주로 성층권 하부인 11~12km 정도로 설정합니다.

고도 50~80km인 중간권(mesosphere)에 이르면 다시 고도가 높아질수록 기온이 낮아지는 패턴으로 돌아갑니다. 중간권 꼭대기의 기온은 무려 -90℃~-85℃로 지구 대기권에서 가장 온도가 낮습니다.

우주로부터 들어오는 소천체는 이 중간권을 지나면서 대부분 타버리는데 그것이 바로 밤하늘에서 볼 수 있는 별똥별(유성)입니다.

대기가 매우 희박한 고도 80km 이상을 열권(thermosphere)이라고 합니다. 태양으로부터 오는 높은 에너지의 빛을 흡수하므로 공기 분자 한 개가 가지는 에너지가 매우 높아서 기온 자체는 상당히 높지만, 공기 분자의 수 자체가 극히 적기 때문에 실제로 덥다고 느껴지지는 않습니다. 욕조의 물이 40°C 정도만 돼도 들어가기 어려울 정도로 뜨겁게 느껴지지만 90°C가 넘는 건식사우나 안에서는 버틸 수 있는 것과 같은 원리입니다. 또한 열권은 인공위성들과 국제우주정거장(ISS)이 떠 있는 곳이자 오로라 현상이 발생하는 곳이기도 합니다.

이렇듯 지구를 둘러싼 대기는 수직적 구조와 층별 특징에 따라 각각 중요한 의미가 있고 역할이 다릅니다. 특히 성층권에 위치한 오존층은 생명체가 육상에 진출해서 살아갈 적절한 환경을 만들어주는 일등 공신입니다. 오존층 없이 엄청난 에너지를 지닌 자외선이 지상으로 들어와 동물이나 사람에게 직접 노출된다면 곧바로 피부와 눈이 크게 손상될 것입니다. 식물 역시 강한 자외선으로 인해 세포나 DNA가 파괴될 위험이 있고요.

그런데 인간이 일으킨 여러 환경 오염 때문에 오존층의 농도가 옅어지고 있습니다. 특히 남극의 오존층 감소가 심해져 이른바 오존 구멍(ozone hole)이라 불리는 문제가 나타나기도 합니다. 그중 예를 들면 남극의 오존층 감소는 남극 성층권의 기온 상승을 둔화시켜서

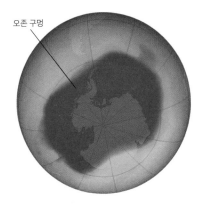

오존 구멍

남극의 오존 구멍(ozone hole) 모습

출처: NASA

강한 제트기류를 만들어내는 등 남반구의 기후 패턴에도 큰 영향을 줄 수 있습니다.

성층권에서는 산소 원자(O)와 산소 분자($O_2$)가 결합해 자연스럽게 오존($O_3$)이 형성됩니다. 그리고 오존이 자외선을 흡수하면 다시 산소 원자와 산소 분자로 분해되어 지속적으로 오존이 형성 및 소멸하는 과정이 일어납니다.

그런데 인간이 개발하고 사용한 화학물질, 특히 냉장고의 냉매제나 스프레이 등에 많이 활용된 염화 플루오린화 탄소(CFCs)가 대기 중으로 배출되어 성층권까지 상승해서 오존을 제거하는 사례가 생겨났습니다. 바다와 마찬가지로 지상에서의 인간 활동이 저 높은 성층권에까지 영향을 미친 것이지요.

이로 인해 1970년대 말부터 오존층 농도가 줄어드는 문제에 대한 경각심이 늘어나고 관련 연구들이 수행되었습니다. 결국 1987년에 국제적으로 염화 플루오린화 탄소를 비롯해 오존층을 파괴하는 물질 사용을 금지하고 대체 물질 개발을 지원하는 협약인 몬트리올 의정서를 체결했지요. 이러한 노력의 결과로 2023년에는 유엔(UN)에서 오존층이 회복되고 있다는 반가운 보고서를 발표한 바 있습니다. 그러나 남극의 오존 구멍은 여전히 관측되고 있고 때로는 커지기도 해서 그 원인을 새로 찾아내는 연구들도 진행 중입니다.

성층권에 있는 오존은 줄어들지 않도록 지켜야 할 대상이지만, 대류권 내에 존재하는 오존은 반대로 생명체에 위협이 됩니다. 화석 연료에서 발생한 질소 산화물이나 탄화 수소가 햇빛과 반응하면 대류권 내에 오존을 형성합니다. 이를 광화학성 스모그라고 하는데 인체의 호흡기나 눈 등을 자극하고 여러 질환을 유발하는 유해 물질입니다.

분명 똑같은 오존인데, 성층권에서는 살아가는 데 꼭 필요하고 소중한 역할을 하지만 지상 바로 위인 대류권에서는 거꾸로 생명체를 위협하는 요인인 것이죠. 그러니 오존이 성층권에 잘 머물며 지구의 생명을 지키는 역할을 할 수 있도록 신경 써야 합니다. 이런 걸 보면 각자 자신의 적합한 자리를 찾아 제 몫을 다하는 것이 참 중요한 일임을 깨닫습니다. 인간 역시 자연의 일부로서 인간이 할 수 있는 몫을 찾아 최선을 다해야겠습니다.

# 깨끗한 공기로
# 숨쉬고 싶어요

우리가 살면서 평생 멈추면 안 되는 일이 있습니다. 바로 숨쉬기입니다. 흔히 농담 삼아 가장 편한 운동이 숨쉬기 운동이라고 하지만, 사실 숨을 쉰다는 행위는 매우 중요하면서도 생각보다 힘든 일입니다.

간단히 말하면 호흡은 공기를 들이마시고 내뱉는 과정인데, 이를 위해 우리 몸속에서는 횡격막이 수축 및 팽창하면서 폐가 부풀었다가 되돌아오는 일이 끊임없이 반복되고 있습니다. 폐를 통해 혈액으로 들어간 산소는 우리 몸 곳곳으로 전달되고 세포들은 혈액으로 노폐물인 이산화 탄소를 내보내죠. 산소와 영양소를 얻은 세포 내에서는 화학 반응이 일어나고 그 결과물로 에너지가 발생합니다. 이 많은 일이 한순간도 쉬지 않고 일어나는 것입니다. 평소에는 무의식적으로 호흡을 하며 살기 때문에 잘 느끼지 못하지만, 일반 성인의 경우 통상 1분에 15회 정도 호흡을 하고 있다고 해요.

호흡에서 가장 필수적인 것이 바로 공기입니다. 공기 안에서도 특히 산소가 중요하죠. 38억 년 전 지구에 광합성을 하는 생명체가 등장하면서 산소를 배출한 덕분에 오랜 시간이 흘러 지구의 대기에 산소가 녹아들 수 있게 되었습니다. 현재 대기 중 산소 농도는 약 21% 정도입니다. 나머지 중 질소가 78%로 대부분을 차지하고, 남은 약 1%는 수증기와 이산화 탄소, 아르곤 등 여러 물질로 이루어져 있습니다.

대기에서 가장 높은 비중을 차지하는 질소는 다른 기체와 반응하지 않고 안정적인 상태를 유지하려는 특성이 강하고, 생명체가 살아가는 데 필수인 단백질의 주요 성분이기도 합니다. 수증기는 대기 중에서 차지하는 비중은 낮지만 기상 현상을 일으키는 핵심으로 지구에서 매우 중요한 역할을 하고 있지요. 이산화 탄소는 생태계에서 가장 기본적인 광합성의 주요 재료입니다. 대표적인 온실가스로서 현재의 지구 기온을 유지하는 데 결정적인 역할을 했지만, 최근 그 농도가 인위적 요인으로 인해 점차 높아져 온난화의 주범으로 지목받고 있습니다.

이렇게 일반적인 공기의 구성에 다른 오염 물질들이 일정 범위 이상으로 섞여서 자정 능력을 해치는 정도가 되는 경우를 대기 오염이라고 부릅니다. 대기 오염은 화산 폭발이나 산불, 황사 등 자연적인 원인으로 발생하기도 하지만, 대부분의 대기 오염 물질은 인위적인 원인에 의해 생겨납니다. 주로 자동차나 산업 활동에서 배출되는 경우가 많은데 일산화 탄소($CO$), 이산화 황($SO_2$), 질소 산화물($NOx$), 휘발성 유기화합물(VOCs. Volatile Organic Compounds), 미세먼지 등이 있습니다.

우리나라에서는 대기환경보전법을 제정하고 환경부에서 대기 오염을 관리하고 있는데, 이 법에서 정의하는 대기 오염 물질은 무려 64

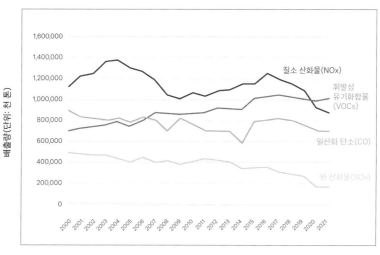

우리나라의 연도별 주요 대기 오염 물질 배출량

데이터 출처: 환경부 국가미세먼지정보센터

가지에 이릅니다. 오염 물질들을 배출하는 시설 및 장비 등을 주기적으로 관리하고 감시하며, 배출량을 조사하고 억제하려 노력하고 있지요.

　우리가 오염 물질의 배출을 억제해야 하는 가장 큰 이유는 오염 물질이 사람을 비롯한 생명에 큰 위협이 되기 때문입니다. 일산화 탄소(CO)는 색깔과 냄새가 없어 우리가 감지하기 어려운 유독성 기체입니다. 주로 자동차에서 배출되지만, 요리나 흡연 등 일상 활동에서도 흔히 발생합니다. 일산화 탄소에 고농도로 노출되면 혈액 내의 헤모글로빈이 변성되어 산소 운반 기능이 떨어지고, 심한 경우 인명 피해를 유발하기도 합니다.

　이산화 황($SO_2$)은 아황산가스라고도 불리며 석탄, 석유와 같이 황을 포함한 화석 연료를 태울 때 주로 발생합니다. 화산 폭발 같은 자연적 현상으로 발생하기도 하지만 대개는 발전소나 공장 등에서 배출되고 있습니다. 질소 산화물에는 이산화 질소($NO_2$)와 일산화 질소($NO$)가 있는데, 이들의 주요 배출원은 자동차와 발전소, 소각장입니다. 이산화 황이나 이산화 질소는 몸속에 흡입되면 호흡기와 폐에 심각한 질환을 일으키는 위험한 물질입니다.

우리나라에서 최근에 가장 높은 배출량을 기록하는 대기 오염 물질은 휘발성 유기화합물(VOCs)입니다. 주로 탄소와 수소로 된 탄화수소 형태를 띠며 벤젠($C_6H_6$), 폼알데하이드($HCHO$) 등 그 종류가 무척이나 다양합니다. 자동차의 매연이나 공업용 화학물질 등에서 주로 배출되며 미세먼지나 오존과 같은 2차 오염 물질을 생성하기도 합니다.

특히 실내에서 건축 인테리어 자재로부터 배출되는 폼알데하이드는 새집증후군을 유발해 피부 질환이나 두통, 호흡기 질환을 일으키기도 해요. 이외에도 농업 공정에서 주로 발생하는 암모니아($NH_3$), 질소 산화물과 휘발성 유기화합물에 의해 2차적으로 만들어지는 오존($O_3$) 등이 있습니다.

대기 오염 물질은 그 종류도 다양하지만, 단지 대기를 오염시킬 뿐 아니라 후속 오염과 피해를 일으킨다는 특징이 있습니다. 비에 씻겨 내리면 물이나 토양을 오염시키기도 하고, 바람을 따라 이동하면서 배출된 장소 이외의 다른 곳까지도 오염을 확산시키는 식이죠.

따라서 대기의 안정도는 대기 오염 물질의 확산과 밀접한 관련이

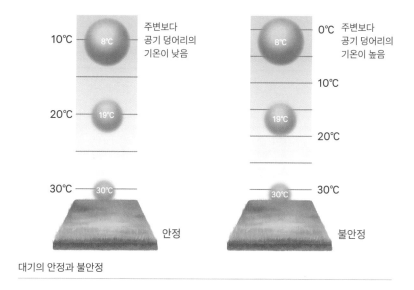

10℃

8℃

주변보다
공기 덩어리의
기온이 낮음

20℃

19℃

30℃

30℃

안정

0℃

8℃

주변보다
공기 덩어리의
기온이 높음

10℃

19℃

20℃

30℃

30℃

불안정

대기의 안정과 불안정

있습니다. 대기 안정도를 결정하는 요소는 '기온감률'입니다. 기온감률이란 고도가 높아지면서 대기 온도가 낮아지는 비율을 말합니다.

　고도가 상승하는 공기 덩어리의 기온이 기온감률에 의해 주변보다 낮아지면 덩어리는 하강하려 하고, 상승하던 흐름이 제한됩니다. 즉 움직임이 점점 감소하므로 이를 '안정하다'라고 말합니다. 정리하면, 고도가 높아질수록 공기 덩어리의 기온이 낮아지는 정도가 완만해지거나 오히려 기온이 높아집니다. 이때 대기는 안정된 상태가 됩니다.

　특히 따뜻한 공기 덩어리가 찬 공기 덩어리 위에 놓인 경우에는 매우 안정된 상태가 되고, 이를 역전층이라고 부릅니다. 반면, 주변 기온에 비해 상승하는 공기 덩어리의 기온이 더 높으면 상승을 계속하면서 불안정한 상태가 됩니다. 즉 주변 환경의 기온감률에 비해 상승하는 공기 덩어리의 기온감률이 더 크다면 불안정한 상태라고 할 수 있는 것입니다.

대기 중으로 배출된 오염 물질 역시 대기의 상태에 따라 그 흐름이 달라지는데, 안정된 층에서는 대기 오염 물질이 더 높이 상승하지 못하고 옆으로 퍼지는 경향이 나타납니다. 반면 불안정한 대기에서는 오염 물질도 함께 상승하지요.

배출된 오염 물질은 바람에 의해 이동 및 확산하면서 오염 정도가 희석되기도 합니다. 따라서 공장에서 매연이 나오는 굴뚝을 역전층이 형성되는 높이보다 더 높게 설치한다면 지상에 끼치는 영향을 줄이고 오염 물질을 더 효과적으로 퍼뜨려 희석할 수 있겠죠. 다만, 그러면 오염 물질이 더 멀리까지 확산하므로 영향을 주는 범위가 커질 수 있다는 단점도 있습니다.

이처럼 굴뚝을 높이는 방식으로 대기 오염 정도를 줄일 수도 있지만, 자연적으로는 비나 눈 같은 강수 과정에서 공기 중으로 배출된 오염 물질이 씻겨 제거되기도 합니다. 그러나 이 과정에서도 오히려 2차 피해가 발생하는 경우가 생기는데, 대표적인 예가 산성비입니다.

오염되지 않은 공기 안에도 이산화 탄소가 존재하므로 보통의 빗물도 어느 정도는 산성을 띱니다. 산성도를 나타내는 단위인 pH로 보면 중성 상태를 pH 7로 보는데, 자연적인 빗물의 산성도는 pH 5.6 정도입니다. 그런데 대기 오염 물질인 황 산화물이나 질소 산화물이 빗물에 녹으면 산성도가 더 심해져 pH 5.6 이하의 산성비가 되는 것입니다. 산성비는 공기 중에 있던 대기 오염 물질을 지상으로 내려보내면서 인공 구조물을 부식시키거나, 토양이나 호수를 산성화해서 그곳에 살아가는 생물들에게도 피해를 줍니다.

따라서 대기 오염은 단지 공기 중에서 일어나는 문제로 국한해서는 안 됩니다. 한번 배출된 오염 물질은 일부러 없애려는 노력을 하지 않는 한 어딘가에 존재할 수밖에 없을 테니까요. 오염 물질은 대기, 물, 토양, 생물 등 지구 시스템 전체의 상호작용에 따라 형태를 바꿔가며 계속 돌아다닙니다. 그러니 결국 오염 물질의 배출 자체를 줄이려는 노력이 가장 중요합니다.

최근에는 실내에서 일어나는 대기 오염이 새로운 문제로 떠오르고 있습니다. 야외와 달리 실내는 협소하고 폐쇄되어 있다는 공간적인 특징 때문에 오염 물질의 농도가 더 높은데다 다른 곳으로 피하기도 어려워서 위험성이 더 큽니다. 집이나 학교, 사무실 등 우리가 일상적으로 주된 생활을 하는 공간에서 일어나므로 장기간 노출되기도 쉽지요. 실내 대기 오염의 대표적인 원인은 흡연, 주방에서의 연소, 건축 자재나 가구, 청소용 세제, 냉난방 기기 등이 있습니다.

지하철이나 터널 등 공공 영역에서의 실내 대기 오염은 정책이나 설비 도입 등으로 대응해야 하지만, 가정이나 사무실과 같은 일상 공간에서의 오염원은 오염 물질에 노출될 수 있는 당사자가 직접 통제하고 피할 수 있습니다. 예를 들어 실내 환기를 자주 하고, 독성이 없거나 적은 세제를 사용하고, 흡연을 줄이거나 멈추는 행동 등이 지금 바로 실천할 수 있는 일들이죠.

모든 환경 문제가 마찬가지지만, 결국은 보다 많은 사람이 문제를 인식하고 당사자로서 적극적인 대응과 실천을 하는 것이 가장 중요합니다. 우리가 늘 무의식적으로 해오던 숨쉬기조차 각종 대기 오염으로 인해 각별한 주의와 노력이 필요한 일이 되어간다는 것이 안타깝습니다. 지구를 깨끗하고 건강하게 유지할 수 있는 생활 습관과 문화, 그를 뒷받침하는 사회 정책과 과학 기술들을 통해 의도적으로 애쓰지 않아도 예전처럼 안전하고 건강하게 숨 쉬며 살아가면 좋겠습니다.

# 과학으로 진단하는 기후 변화

기후 변화(climate change)라는 단어는 현재 우리의 일상에서 매우 익숙한 말이 되었습니다. 매년 전 세계적으로 가장 많은 관심을 끈 단어를 뽑아 발표하는 '옥스포드 올해의 단어'로 2019년에 기후 비상(climate emergency)을 선정하기도 했지요. 그만큼 이미 기후 관련 문제가 전 세계에 강하게 각인된 당면 과제라는 의미입니다.

하지만 기후 변화가 이렇게 수많은 사람에게 인식되기까지는 여러 고난이 있었습니다. 기후 변화는 지구에서 일어나는 아주 자연스러운 일인데 호들갑을 떨고 있다는 비판도 받았고, 기후 변화를 이용해 이익을 취하려는 일부 선동자들이 음모론을 제기하기도 했었죠. 그러나 이제는 지구의 기온이 점점 오르고 있다는 것이 관측 결과로 뒷받침되고, 그 원인이 인위적인 온실가스 배출 증가 때문이라는 사실이 여러 연구로 증명되고 있습니다. 더 이상 방관해서는 안 될 심각한 문제임을 인식하고 전 세계 모든 사람이 함께 대응할 방안을 찾고 있죠.

사실 기후 변화가 지구에서 일어나는 자연스러운 과정이라는 주장은 맞는 말입니다. 46억 년 지구의 역사 동안 지구의 기후는 계속해서 달라져 왔거든요. 중생대에는 평균 기온이 현재보다 약 10°C나 높았다고 하고, 신생대 빙하기에는 지금보다 기온이 약 5°C 정도 낮던 적도 있습니다. 이러한 환경 변화에 따라 생물들이 적응하고, 진화하고, 멸종했지요. 화산 폭발, 대기와 해양의 순환, 대륙 이동, 태양의 활동 등 자연적 원인으로 기후가 달라지는 현상을 기후 변동(climate variability)이라고 합니다.

물론 현재의 기후 변화에도 이러한 자연적 원인이 작용하고 있습니다. 하지만 산업 활동을 필두로 인간의 행위에 의한 기후 변화의 폭이 훨씬 더 크고 빨라 매우 급속하게 진행되고 있다는 점이 문제입니다. 환경에 적응하거나 진화할 시간조차 갖지 못한 채 수많은 생명이 갑자기 위험에 빠지게 된 것이죠. 우리가 현재 해결해야 하는 문제는 '기후 변동'이 아니라, 바로 인위적 원인에 의한 '기후 변화'라는 점을 명확히 구분해야 합니다.

기후는 일시적인 것이 아니라 30년 이상 지속되는 장기적인 패턴으로 정의합니다. 따라서 기후가 달라진다고 말하려면 오랜 기간에 걸쳐 데이터를 수집하고 분석해야 하죠. 기후 변화 문제가 제기된 초반에는 이러한 관측과 분석 자료가 충분하지 못했지만, 최근에는 꾸준한 기록과 연구로 실제 지구의 기온이 점차 상승하고 있음이 과학적으로 설명되고 있습니다. 미국 해양대기청(NOAA)에서 최근에 발표한 자료를 보면, 1901년부터 2000년까지의 평균 기온을 기준으로

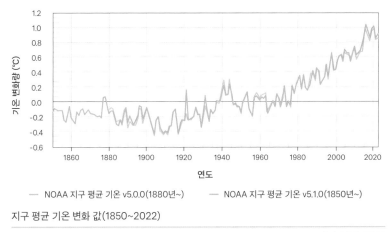

지구 평균 기온 변화 값(1850~2022)

데이터 출처: NOAA

비교했을 때 1850년부터 2022년까지 지구 평균 기온의 변화 값은 특히 1900년대 이후로 계속해서 높아지는 경향을 보입니다.

　2021년 노벨물리학상을 수상한 슈쿠로 마나베(Syukuro Manabe) 교수는 대기 중 이산화 탄소의 농도가 기온 상승에 영향을 미친다는 연구 결과를 1967년에 발표한 바 있습니다. 이는 최근 온난화의 주원인이 이산화 탄소 배출에 있다는 점을 시사합니다. 1958년 이후 꾸준히 대기 중 이산화 탄소 농도를 관측해서 그 결과를 시각화한 그래프를 킬링 곡선(Keeling curve)이라고 하는데, 이 역시 이산화 탄소 농도가 지속적으로 높아지고 있음을 명백히 보여줍니다.

　킬링 곡선은 대기가 안정적이고 도심과 떨어져 있어 외부적인 오염 요인이 최소화된 하와이 마우나로아산에 관측소를 두고 측정합니다. 첫 관측을 한 1958년 3월의 이산화 탄소 농도는 313ppm이었습니다. 지금도 실시간으로 관측을 계속하고 있는데, 2025년 4월 기준의 이산화 탄소 농도는 429.64ppm을 기록하고 있습니다.

그래프가 오르락내리락 요동치는 모습을 보이는 이유는 계절에 따른 변화가 반영된 것입니다. 식물의 생장이 활발한 5월부터 9월 사이에는 광합성 역시 많이 일어나므로 대기 중 이산화 탄소 농도가 줄어들고, 식물의 잎이 지는 9월 이후 겨울을 지나면서는 대기 중 이산화 탄소가 다시 많아지는 것이죠. 대기 중 이산화 탄소 농도를 결정짓는 요인으로 광합성이 중요한 역할을 한다는 점도 킬링 곡선으로 알 수 있는 대목입니다. 온난화를 막으려면 숲을 지키고 가꿔야 한다는 논리가 증명되는 셈이기도 하죠.

여기에 더해 2021년 노벨물리학상을 공동 수상한 클라우스 하셀만(Klaus Hasselmann) 교수는 기후 변화에서 자연적인 변동 부분을 제거하고 인위적 요인에 의한 온난화가 어느 정도인지 판별할 수 있는 모델을 개발했습니다. 이에 따르면 지구 기온의 실제 관측값이 특히 1960년 이후로는 자연적인 변동에 따른 예측값과 큰 차이를 보이고, 대신 인위적 요인을 더한 예측값과 거의 같은 패턴을 보입니다. 즉 최근에 일어나는 온난화는 자연적 변동보다는 인위적 원인에 의한 변화라는 점을 증명하는 것이죠.

이렇게 해서 지구 기온은 점차 상승하고 있고, 그 원인은 인간 활동에 의한 대기 중 이산화 탄소 농도 증가 때문이라는 것이 과학적으로 확인되었습니다. 지금은 이 사실을 많은 사람이 알고 있지만, 이러

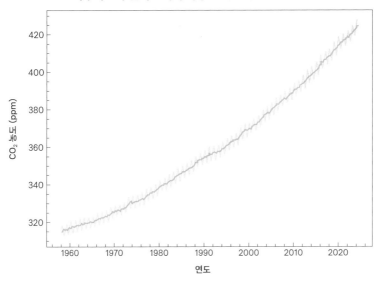

**마우나로아 관측소에서 측정한 이산화 탄소 농도(킬링 곡선)**

대기 중 이산화 탄소 농도 변화 (1958~2024년)

한 인식이 있기까지는 많은 노력이 필요했습니다. 이 인식에 기여해 온 단체가 바로 기후 변화에 관한 정부 간 협의체(IPCC. Intergovernmental Panel on Climate Change)입니다. 국제연합(UN) 산하에 설립된 기후 변화 전문기관으로, 과학에서 사회경제 분야에 이르는 다양한 부문의 전문가들이 참여해 약 7년에 한 번씩 공신력 있는 보고서를 발표하고 있습니다.

1990년 1차 보고서를 시작으로 2023년 6차 보고서까지 발표되었는데, 1995년 2차 보고서를 근거로 1997년에는 교토의정서가 채택되고 2014년 5차 보고서를 통해서는 2015년 파리 협정이 체결되었죠.

IPCC 6차 종합보고서(2023년)

IPCC 1.5℃ 특별보고서(2018년)

이들의 노력과 인류에 기여한 바를 인정받아 2007년에는 노벨평화상을 수상하기도 했습니다.

가장 최근 발표된 IPCC 6차 보고서에 따르면, 2011~2020년 지구의 평균 기온은 1850~1900년 대비 1.09℃만큼 상승했으며 이 중 인간이 유발한 온도 상승분은 1.07℃로 추정하고 있습니다. 2018년 발간된 특별보고서에서는 지구의 평균 기온 상승분을 1.5℃, 최대한 2℃ 이내로 제한해야 한다는 점을 밝혔습니다. 이제 그에 도달할 시기가 정말 얼마 남지 않았네요.

이 보고서에서는 지구 평균 기온 상승을 제한하려면 2050년까지 이산화 탄소 순 배출량을 0으로 줄이는 '탄소 중립'을 달성해야 한다고도 했는데, 2025년 현재 시점에서는 비관적인 예측이 우세한 상황입니다. 기후 변화에 대한 경각심을 일깨우며 지금 일어나고 있는 온난화 현상에 적절히 대응하고, 문제를 해결할 방안을 지금 당장 모색 및 실천해야 하는 이유입니다.

# 따뜻했던 지구, 더워진 지구, 뜨거워지는 지구

이산화 탄소는 현재 지구 온난화의 가장 큰 원인으로 꼽힙니다. 하지만 막상 지구에 이산화 탄소가 존재하지 않는다면 어떤 일이 벌어질까요? 일단 이산화 탄소로 광합성을 해서 에너지를 얻어야 살 수 있는 식물들은 모두 죽을 것입니다. 생태계의 가장 기본적인 생산자가 사라지면 연쇄적으로 다른 동물들까지 영향을 받겠죠.

드라이아이스, 소화기, 탄산음료, 용접기, 폐수 중화제 등 우리 생활이나 산업에 이산화 탄소가 쓰이는 경우도 제대로 유지되지 못할 거예요. 그리고 지구 전체에서 온실 효과가 덜 일어나 아마도 지금보다 훨씬 추워진 지구에서 살아가야 할 것입니다. 하지만 다행인 것은 이산화 탄소가 인위적인 배출 이외에도 동물의 호흡, 화산 폭발 등 자연 현상으로도 대기 중에 많이 배출되고 있다는 점입니다.

대기 중에 존재하는 이산화 탄소는 특히 온실가스로서 중요한 역할을 담당하고 있습니다. 온실 효과 덕분에 지구의 평균 온도는 15$^{\circ}$C를 유지하고 있으며, 만약 온실 효과가 없었다면 지구 평균 온도가 −18$^{\circ}$C가 되었을 것으로 추정하고 있습니다. 현재보다 약 33$^{\circ}$C나 낮은 상태죠.

지구는 태양으로부터 에너지를 흡수하는 한편, 흡수한 만큼의 에너지를 적외복사에너지 형태로 다시 방출하며 복사 평형을 이룹니다. 즉 에너지를 흡수한 만큼 방출하기 때문에 일정한 온도를 유지할 수 있는 것입니다. 그런데 온도가 높은 물체는 더 강한 복사에너지를 많이 방출하며(슈테판-볼츠만의 법칙), 그 파장은 짧아집니다.(빈의 법칙) 그래서 표면 온도가 5,700°C에 달하는 태양은 에너지 대부분이 짧은 파장으로 복사되고, 상대적으로 온도가 낮은 지구는 파장이 긴 적외 영역의 에너지를 주로 복사하고 있습니다. 이러한 복사 평형 상태에서 지구의 온도는 이론적으로 -18°C가 되어야 합니다.

하지만 지구에서는 지구를 둘러싼 대기, 특히 수증기나 이산화탄소와 같은 온실가스들이 짧은 파장의 에너지는 흡수하지 않고 지구에서 방출하는 긴 파장의 적외복사에너지만 선택적으로 흡수 및 방출하므로 지구의 온도를 높이는 역할을 합니다. 이것이 바로 대기의 온실 효과(greenhouse effect)입니다. 이 덕분에 지구의 평균 온도는 -18°C가 아닌 약 15°C 정도로 적절하게 온화한 온도를 유지할 수 있었습니다.

하지만 지금은 대기 중 온실가스가 일반적인 농도보다 급속히 높아지고 있어서 온실 효과를 넘어 온난화를 유발하고 있습니다. 그중 가장 대표적인 주범이 바로 이산화 탄소($CO_2$)이고요. 2023년 발간된 IPCC 6차 보고서에서는 1850~1900년 대비 2010~2019년의 온난화

태양에너지 대부분은 지구에 흡수되지만,
일부는 지표면과 대기에서 우주로 반사된다.

지구 복사에너지 일부는
우주로 빠져나가지만,
다른 일부는 온실가스에 의해
흡수 및 재방출된다.
이로 인해 온실 효과가 발생한다.

온실 효과의 원리

상승분인 1.09℃에 이산화 탄소 배출량이 기여한 바가 0.8℃라고 분석했습니다. 이 수치는 여러 온실가스 중 가장 높은 기여도입니다.

이산화 탄소는 석유나 석탄과 같은 화석 연료를 태울 때 주로 배출되므로 인간의 산업 활동으로 인해 대기 중 농도가 급격히 높아지는 추세입니다. 현재 전체 온실가스 중 약 80% 정도를 차지할 정도로 배출량이 가장 많죠. 대기에 남아 체류하는 시간도 최대 200년에 달해 한번 배출되면 오랫동안 대기 중에 머물며 온실 효과를 일으킵니다.

그래서 지금 당장 이산화 탄소 배출을 0으로 한다고 하더라도, 이미 배출되어 대기 중에 존재하는 이산화 탄소 때문에 당장 온난화 추세가 멈추지는 않을 것입니다. 배출하지 않는 것은 물론이고 보다 적극적으로 이미 대기 중에 배출된 이산화 탄소를 없애려는 노력까지 함께해야만 하죠.

최근 떠오르는 온난화의 또 다른 주범은 메테인($CH_4$)입니다. 전체 온실가스 중 비중은 약 11% 정도이고 대기 중 체류 시간도 이산화 탄소보다 훨씬 짧은 최대 12년 정도밖에 되지 않지만, 지구 온난화 지수(GWP. Global Warming Potential)가 이산화 탄소의 약 21배에 달할 정도로 온난화 효과가 강력합니다.

지구 온난화 지수는 이산화 탄소 1kg이 100년간 지구 온난화를 일으키는 정도를 기준으로 다른 기체 1kg이 같은 기간 동안 얼마나 지구 온난화를 더 일으키는지 수치화한 값입니다. 지구 온난화 지수가 높다는 것은 같은 배출량으로도 더 큰 온난화를 일으킬 수 있다는 뜻이죠. 메테인은 논농사, 가축의 배설물, 쓰레기 매립이나 하수 처리, 가스 누출 등에 의해 주로 배출됩니다. 메테인에 의한 온난화를 줄이기 위해 2021년 제26차 기후변화협약(COP26)에서는 글로벌 메테인 서약을 체결해 2030년까지 메테인 배출량을 2020년 대비 30% 감축하기로 했습니다.

이산화 탄소와 메테인 외에도 기후변화협약에서 지정한 감축 대상 온실가스로는 아산화 질소($N_2O$), 과불화 탄소(PFCs), 육불화 황($SF_6$), 수소불화 탄소(HFCs), 삼불화 질소($NF_3$)가 포함되어 있습니다. 이들은 지구 온난화지수가 상당히 높은 편이지만 농도 자체가 상대적

2021년 기후변화협약에서 연설하고 있는
인도네시아 조코 위도도 대통령

으로 매우 낮고, 특정 산업에서만 한정적으로 배출되고 있어 대중적인 기후 변화 대응에서는 잘 언급되지 않습니다. 그러나 전체적인 온실가스 배출을 줄이기 위해 이들을 대체할 물질 개발이나 배출 규제도 함께 진행되고 있습니다.

온실가스 배출 증가로 인한 지구 온난화를 근본적으로 막아내려면 인간이 배출하는 온실가스를 줄이고 이미 배출된 온실가스는 적극적으로 없애야 합니다. 배출량과 흡수량의 합을 0으로 만드는 것이 바로 탄소 중립의 개념입니다. 특히 현재 가장 큰 비중을 차지하는 이산화 탄소의 인위적 배출량을 줄이기 위해 화석 연료의 사용을 제한하고 대체 에너지와 자원을 찾아내려 노력하고 있습니다. 연소하면 물만 만들어지는 수소를 친환경 에너지원으로 활용하거나 태양, 바람 같은 자연으로부터 에너지를 얻는 등 다양한 방법이 모색되고 있습니다. 또한 옷, 플라스틱 등 우리가 사용하는 거의 모든 제품의 원료가 되는 석유 의존도를 낮추기 위해 재활용 같은 방법으로 소비를 줄이려는 생활 습관 개선도 함께 진행되고 있지요. 우리나라의 경우 탄소 중립기본법에 2030년까지 온실가스 배출량을 2018년 대비 35% 이상 감축하는 것을 목표로 설정하고 있습니다.

온실가스 배출 감소 못지않게 중요한 것이 대기 중 온실가스의 흡수량을 늘리는 것인데, 이를 위해 반드시 해야 할 일이 바로 숲, 갯벌과 습지, 바다 등 탄소 흡수원을 지키는 것입니다. 숲은 식물의 광합성으로 이산화 탄소를 흡수하고, 습지는 물이 공기를 차단해서 토양 속 세균들이 내뱉는 이산화 탄소를 가두는 역할을 합니다. 바다도 훌륭한 탄소 흡수원 역할을 합니다. 바다에 사는 식물성 플랑크톤이 광합성으로 이산화 탄소를 흡수하고, 고래 같은 바다 동물은 몸속에 탄소를 축적하며, 바닷물에도 이산화 탄소가 용해되어 있지요.

그러니 이러한 자연적인 탄소 흡수원을 보전하고 훼손된 곳들을 복원하려는 노력이 지구 온난화를 막는 데 굉장히 중요한 일입니다. 이렇게 자연을 보호하려는 노력 외에도 과학적으로 온실가스를 포집 및 저장, 활용하는 방안들(CCUS. Carbon Capture, Utilization and Storage)도 연구되고 있습니다. 배출되는 이산화 탄소를 흡수제에 녹인 후 다시 분리해 내는 방식이 대표적이며, 포집된 이산화 탄소는 땅속이나 바닷속에 묻어 저장하거나 시멘트, 플라스틱 등을 만드는 데에 재활용할 수도 있습니다.

이렇듯 온실가스 배출을 줄이고 흡수를 늘려 탄소 중립을 달성하려면 모든 분야에서 모든 이들이 참여해야 합니다. 인류는 최근 100년 넘게 산업화로 편리한 생활을 누리는 거의 모든 과정에서 온실가스를 배출해 왔습니다. 따라서 다시 온실가스 배출을 줄이는 것은 지금껏 해오던 편하고 빠른 생활 방식의 변화를 의미합니다.

산업시설에서 배출되는
이산화 탄소 포집 및 압축

배 또는 파이프로
이산화 탄소 운송

해저
저장소에
저장

석유를 추출할 때 이산화 탄소를 포집하는 시스템

하지만 이미 자연적인 온실 효과를 넘어서 지구 온난화가 일어나고 있고, 또 더 심각하게는 지구가 들끓는 지구 가열화(global heating)가 도래했다고 합니다. 최근에는 아예 지구 열대화(global boiling)라는 표현까지 나오고 있고요. 이에 따라 지구에서 자연적으로도 일어나던 기후 변동이 인위적 요인에 의한 기후 변화가 되고, 점차 더 심각해져 지구의 생명들을 위협하는 기후 위기 상황이 되고 나아가 기후 비상까지 이르고 있는 것입니다. 이렇게 기후 문제는 점점 더 심각한 상황으로 나아가고만 있습니다. 그러니 모두가 기후 문제의 당사자가 되어 보다 적극적으로 행동에 나서야 할 것입니다.

# 변덕스러운 날씨,
# 위험한 날씨

날씨는 참 변덕스럽습니다. 하루로 보면 아침 점심 저녁이 다르고, 1년으로 보면 여름과 겨울이 완전히 다릅니다. 봄이나 가을철에는 일교차가 최대 20℃ 가까이 나타날 것이라는 일기예보를 심심치 않게 들을 수 있죠. 하루의 최고 기온과 최저 기온이 이렇게나 차이 나는 것이 일상적이라는 뜻이에요.

우리나라는 사계절이 뚜렷하기 때문에 연간 최고 기온과 최저 기온의 차이인 연교차 또한 최대 60℃에 이를 정도로 큰 편입니다. 시간에 따른 날씨 변화뿐 아니라 동일한 시간과 계절이어도 장소와 지역에 따라 날씨는 다르게 나타납니다. 제주도에 비가 내릴 때 서울은 맑기도 하고, 남부 지방에서 봄꽃을 즐길 때 강원도 산간 지역에서는 눈이 내리기도 하지요. 최근에는 지구의 평균 기온이 급격히 올라 여기저기서 동반되는 기후 변화가 문제라고 하는데, 날씨도 마찬가지로 변화무쌍합니다. 이래도 되는 걸까 하는 불안함이 들기도 해요.

날씨는 특정 시간과 장소에서의 대기 상태를 말합니다. 날씨를 이루는 여러 요소는 늘 변하기 때문에 시간과 장소를 지정해야 정의

일기예보에서 볼 수 있는 날씨 요소

---

할 수 있어요. 기온, 기압, 습도, 구름, 강수, 바람 등이 바로 날씨 요소에 속합니다. 날씨 요소들에 관해 차근차근 알아보겠습니다.

기온은 공기 분자들의 평균적인 에너지를 수치화한 값입니다. 지구의 대기에 있는 공기 분자들은 근본적으로 태양에서 에너지를 받지요. 그래서 태양에너지를 가장 많이 받는 낮과 여름에 최고 기온이 나타납니다. 범위를 지구로 넓히면 위도가 낮아 태양에너지가 많이 들어오는 적도는 기온이 높고, 위도가 높은 극지는 기온이 낮지요.

기압은 공기가 자신의 무게로 지면을 누르면서 생기는 힘입니다. 같은 부피라면 공기 분자가 더 많을수록 기압이 높아지므로 공기의 밀도와 비슷하다고 볼 수도 있습니다. 그래서 높은 곳으로 올라갈수록 공기 분자가 희박해져 기압은 낮아집니다. 즉 기압이 높다는 것은 공기가 많이 몰려 있다고 해석할 수 있지요. 자연 상태에서는 이러한 불균형을 해소하기 위해 기압이 높은 곳에서 낮은 곳으로 공기가 이동합니다. 이 이동이 바로 바람입니다. 따라서 기압의 차이가 클수록 더 센 바람이 불죠.

습도는 대기 중 수증기가 얼마나 많이 포함되어 있는지를 나타내는 값입니다. 특정 온도와 압력에서 수증기를 최대로 포함할 수 있는 능력에 비례해 실제로 수증기가 얼마나 들어 있는지를 비율(%)로 나타내는 값을 상대습도라고 하며, 날씨를 나타날 때 보편적으로 활용합니다. 대기 중에 존재하는 수증기는 기온에 따라 물이나 얼음 형태로 변화합니다. 이 같은 변화는 다양한 날씨 현상을 만들죠.

지면에서 수증기가 응결해 물방울로 맺히면 이슬, 더 추워져서 얼면 서리가 됩니다. 수증기가 냉각되고 응결핵을 만나 물방울이나 빙정이 만들어져 모이면 상공에서는 구름, 지면과 인접해서는 안개가 형성되고요. 구름방울이 커져 빗방울로 낙하하면 비가 내리고, 구름 속에 있던 빙정이 서로 모여서 눈송이가 되어 추운 날 지면까지 내리면 눈이 되는 것입니다. 이렇게 날씨를 나타내는 요인들은 서로 영향을 주고받고 지형이나 해류 등 외부적 요인에 의해서도 달라지므로 원래 날씨가 변화무쌍한 것은 당연한 현상입니다.

날씨가 시간이나 장소에 따라 계속해서 달라진다고 해노, 장기적으로 원리와 패턴을 분석하면 평균적인 날씨를 도출할 수 있고 앞으로의 날씨를 예측할 수도 있습니다. 그렇기에 변화무쌍한 날씨에도 우리는 잘 적응해 생활하고 있는 것이죠.

기온, 기압, 습도 등 여러 기상 요소를 측정하는 장비를 지상과 상

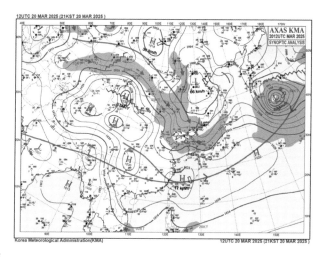

일기도

출처: 기상청

공에 배치하고 수시로 관측 및 데이터 수집, 분석을 진행합니다. 이 관측 데이터가 세밀하고 많을수록 분석과 예보가 더 정확해집니다. 최근에는 인공위성에서 관측 데이터를 얻고, 슈퍼컴퓨터를 통해 데이터를 처리하고, 고도화된 모델을 개발해 적용하고 있습니다.

우리나라는 2010년 기상관측용 위성인 천리안 1호를 발사했고, 그 후속으로 2018년에 발사된 천리안 2A호가 2분 간격으로 한반도 주변을 관측하고 있습니다. 구름, 안개, 온도, 습도 등 기본적인 기상 요소들에 더해 에어로졸이나 황사, 식생 등 여러 환경 감시용 지표들도 함께 관측하고 있습니다. 이렇게 수집된 데이터들은 실시간으로 국가기상위성센터에서 수신 및 처리하고 있으며, 분석 결과들은 일기 예보뿐 아니라 항공, 농업, 수산업, 관광, 교통, 건축 등 다양한 곳에 활

천리안 2A호 위성

출처: 국가기상위성센터

용되고 있죠.

한편, 국가기상슈퍼컴퓨터센터에서는 관측 및 수집된 각종 자료를 슈퍼컴퓨터로 처리하고 있습니다. 이 과정에서 필요한 수치 예보 모델을 개발하는 임무도 수행하지요. 수치 예보 모델은 기상 요소들이 시간에 따라 어떻게 달라지는지를 예측하는 수학 방정식으로, 기상에 영향을 미치는 변수들을 찾아 공식화한 것입니다. 이 모델이 무엇인지에 따라 같은 데이터로도 다른 결괏값이 나오기도 해요. 각 나라의 기상청에서 활용하는 수치 예보 모델이 다르기 때문에 여름철 태풍 이동 경로 예측이 나라별로 다르게 발표되기도 하는 것입니다.

그런데 최근 들어 전 지구적인 지구 온난화와 기후 변화의 영향으로 성능 좋은 슈퍼컴퓨터와 정교한 수치 예보 모델로도 날씨를 정확하게 예보하는 일이 점점 더 어려워지고 있고, 때로는 정상적이고 일반적인 범위를 넘어 대응이 불가능한 재해로까지 이어지는 경우가 많아지고 있습니다. 이로 인헤 폭우, 가뭄, 폭염, 한파, 산불 능 극심한 날씨 현상으로 인한 기상재해가 큰 피해를 입히기도 합니다.

극한 고온과 폭염 현상은 점점 더 자주, 높은 강도로 일어나고 있습니다. 인체가 견딜 수 있는 외부 환경의 온도를 넘어서면 건강에도 큰 영향을 미치는데, 특히 심장병 환자나 고령자 등은 더 취약하므로 사망률도 높습니다. 폭염에 노출되면 혈관이 확장되어 혈압은 낮아집니다. 그러면 심장이 혈액량을 늘리기 위해 더 빠르게 뛰면서 무리가 가죠.

우리나라 기상청에서는 일 최고 기온이 33℃ 이상인 날을 폭염일로 보는데, 1991~2020년까지의 30년 평균 폭염일수는 연간 8.8일이었습니다. 하지만 2023년 19일, 2022년 10일, 2021년 18일 등 최근 폭염일수가 매우 많아지는 경향을 보입니다. 다른 나라에서도 폭염은 심해지고 있으며 많은 인명 피해를 낳기도 합니다. 2024년 6월에는 인도와 사우디아라비아의 최고 기온이 50℃에 육박했고, 유럽도 여름철에 연일 40℃가 넘는 폭염을 기록했습니다. 생명과 건강을 직접적으로 위협할 정도의 더위가 현실화되고 있어요.

반대로 극심한 한파 역시 기후 변화로 나타납니다. 지구 기온은 점점 높아지는데 추위도 덩달아 심해지는 이유는 북극 상공에서 추위를 가두는 역할을 하던 제트기류가 지구 온난화의 영향으로 약해져 틈이 생겨나기 때문입니다. 극지의 추위가 그 틈을 비집고 중위도까지 내려오는 것이죠.

우리나라 기상청에서는 아침 최저 기온이 -12℃ 이하인 날을 한파일로 정하는데, 최근 10년간 전국 평균 한파일수는 5.7일이며 2023년 5.3일, 2022년 8.3일, 2021년 7.2일을 기록했습니다. 겨울에 추운 것은 견디면 그만이라고 생각할지도 모르겠지만, 2021년 미국 텍사스에서는 극심한 한파가 발생해 전력 공급이 차단되어 산업은 물론 일상생활이 제대로 유지되지 못한 적도 있습니다. 인간이 생활을 영위하고 생존할 수 있는 적절한 온도의 범위를 넘어서는 극한의 더위와 추위는 위협적일 수밖에 없죠.

기온의 극한 상태뿐 아니라 더욱 강력한 태풍(열대 저기압)이 발생하고, 폭우가 쏟아져 홍수와 산사태를 유발하고, 폭설과 폭풍으로 고립되는 지역이 생기고, 높은 기온과 심한 가뭄 등으로 인한 대형 산불의 발생 빈도가 높아지는 등 전 세계 곳곳에서 시시때때로 기상 이변이 일어나고 있습니다. 우리가 늘 날씨를 마주하며 살듯이, 기상 이변 역시 언제든 마주할 수 있습니다.

IPCC 6차 보고서에 따르면, 전 세계에서 약 33억~36억 명이 기후 변화에 매우 취약한 상황에서 살고 있다고 합니다. 이 수치는 전 세계 인구의 40%가 넘는 정도입니다. 과학 기술력이나 경제 수준이 높아 재해 대비를 철저히 할 수 있는 유럽이나 일본, 미국과 같은 선진국이라 하더라도 예상을 벗어나는 불확실하고 갑작스러운 이변에는 속수무책일 수밖에 없습니다.

그러니 국가를 막론하고 지구에 살아가는 모든 인류가 함께 기후 변화에 대응해야 합니다. 불확실성이 높은 기상 이변과 이상 기후의 등장이나 강도는 예측하기 매우 어렵지만, 그 원인이 되는 지구 기온의 상승은 아직 우리 모두의 노력으로 통제할 수 있으니까요.

# 식탁으로 온
# 기후 변화

우리가 먹는 밥상을 잘 살펴보면 전 세계의 다양한 나라를 만날 수 있습니다. 노르웨이산 고등어, 필리핀산 바나나, 호주산 쇠고기, 스페인산 돼지고기, 콜롬비아산 커피, 캐나다산 메이플 시럽, 미국산 밀가루…. 이렇게 식재료의 원산지가 다양한 이유는 식재료마다 자라는 데 적합한 환경이 각각 다르기 때문입니다.

지구에는 다양한 유형의 기후가 있습니다. 위도, 해류, 바람, 지형 등에 따라 기후가 다르게 형성되죠. 여러 기후대에 따라 그에 맞는 식생과 생태계가 분포하고, 인간도 각자 터를 잡고 살아가는 기후 환경에 따라 의복, 주거, 식생활 등 생활 방식과 문화가 정말 다양합니다.

세계의 기후를 명확하게 구분하기란 어려운 일이지만, 현재 가장 널리 사용되는 기준은 독일의 과학자인 쾨펜(Köppen)이 도입한 기후 구분 방법에 토대를 두고 있습니다. 이 방법은 19세기 말 개발되었는데, 지역별 식생 분포에 기반한 방식입니다. 식물들은 기온과 강수량에 의존하여 생장하기 때문이죠. 기후는 크게 5가지 유형으로 구분되고, 각 유형은 다시 하위 유형으로 나뉩니다. 사실 기후를 이루는 요인

세계의 주요 농산물 생산지

들 자체가 변동 가능성이 높으므로 이 유형들은 계속해서 수정 및 보완되고 있습니다.

크게 A유형은 열대 기후, B유형은 건조 기후, C유형은 온대 기후, D유형은 대륙성 기후, E유형은 극지성 기후로 구분합니다. A유형인 열대 기후는 일반적으로 연중 덥고 강우량이 풍부하다는 특징이 있습니다. 주로 적도를 중심으로 분포합니다. 연중 다습한 남아메리카 아마존 지역에서는 열대우림이 형성되고, 겨울철에 건조한 시기가 뚜렷한 아프리카의 경우에는 사바나(savanna) 초원이 형성되기도 합니다.

B유형인 건조 기후는 연중 강수량이 적으며 사막 또는 스텝 초원 지역이 여기에 속합니다. 사바나 초원에 비해 스텝 초원에는 더 키가 작은 식물들이 자랍니다. C유형인 온대 기후는 겨울이 비교적 온화하고 습윤한 기후를 말합니다. 해양과 접하는 대륙 가장자리가 여기에 속하는 경우가 많은데 연중 약한 비가 계속 내리는 영국, 여름철 건기

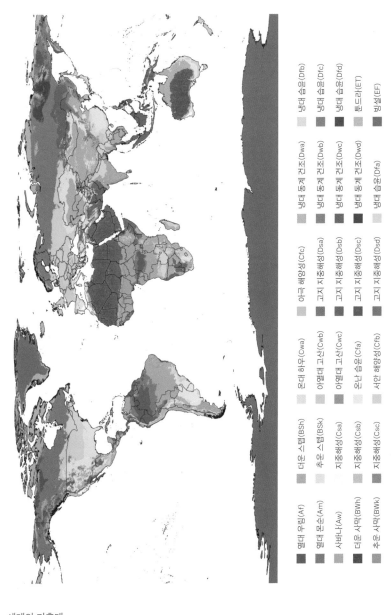

열대 우림(Af)

열대 몬순(Am)

사바나(Aw)

더운 사막(BWh)

추운 사막(BWk)

더운 스텝(BSh)

추운 스텝(BSk)

지중해성(Csa)

지중해성(Csb)

지중해성(Csc)

온대 하우(Cwa)

아열대 고산(Cwb)

아열대 고산(Cwc)

온난 습윤(Cfa)

서안 해양성(Cfb)

아극 해양성(Cfc)

고지 지중해성(Dsa)

고지 지중해성(Dsb)

고지 지중해성(Dsc)

고지 지중해성(Dsd)

냉대 동계 건조(Dwa)

냉대 동계 건조(Dwb)

냉대 동계 건조(Dwc)

냉대 동계 건조(Dwd)

냉대 습윤(Dfa)

냉대 습윤(Dfb)

냉대 습윤(Dfc)

냉대 습윤(Dfd)

툰드라(ET)

빙설(EF)

세계의 기후대

가 뚜렷한 지중해성 기후인 프랑스, 이탈리아나 미국의 캘리포니아 등이 있습니다. 이 기후에서는 올리브, 포도가 잘 자라기 때문에 여기에 속하는 나라에서 생산한 와인이나 올리브가 유명하지요.

D유형인 대륙성 기후 역시 계절이 구분되는데, 겨울의 평균 최저 기온이 영하 3℃ 이하로 춥고 눈이 내려 쌓인다는 특징이 있습니다. 우리나라도 이 유형에 속합니다. 노르웨이와 시베리아, 알래스카와 같이 여름이 짧고 서늘한 경우도 있는데, 이들 지역에는 자작나무나 침엽수림이 발달한 타이가 숲이 형성되어 있습니다.

E유형인 극지성 기후는 한대 기후라고도 하며 연중 기온이 매우 낮습니다. 늘 눈과 얼음으로 덮여 있고 여름에도 평균 기온이 영하인 남극과 그린란드가 여기에 속해요. 춥기는 하지만 여름에는 기온이 올라 식물이 살아갈 수 있는 툰드라 지역도 극지성 기후로 분류됩니다.

하지만 지구 온난화로 인해 지구의 기후 패턴과 그에 따른 식생 및 생태계가 달라지고 있습니다. 특히 식량 수급의 관점에서 보면 농작물이나 수산물이 자랄 수 있는 범위인 재배 한계와 생산량이 변화하는 문제가 매우 심각합니다.

예를 들어 우리나라의 2024년 사과 재배 면적은 2023년보다 1.5% 줄어들었으며 주 재배지가 경상북도에서 강원도로 이동하는 추세입니다. 우리나라 평균 기온이 상승하면서 사과 재배에 적합한 지역이 북쪽으로 이동하는 것이죠. 또한 과수화상병과 같은 전염병이 더 쉽게 확산되어 과일의 품질이나 생산량도 줄어듭니다.

이렇게 재배가 점차 어려워지고 생산량이 줄어들면 작물 가격은 당연히 상승할 수밖에 없습니다. 이런 상태가 지속되면 지금까진 흔하게 먹을 수 있었던 사과 같은 과일도 비싼 가격을 지불할 수 있는 사람들만 먹을 수 있게 될 것입니다. 벌써 현실이 되어가고 있는 일이죠.

바다에서도 수온 상승으로 인해 어종이 변화하고 있습니다. 원래 울릉도 하면 떠오르는 오징어가 동해에서 사라지고 있다는 뉴스를 접해본 적이 있을지도 모르겠어요. 실제로 2024년에 오징어 어획량이 최근 5년 평균 대비 절반 이하로 줄어들었다고 합니다. 비단 우리나라 사과와 오징어만의 문제가 아닙니다. 지구 온난화가 지구 곳곳에서 식량 위기를 초래하고 있거든요.

기후 변화와 토지에 관한 2019년 IPCC 특별보고서에 따르면 식량 공급의 안정성은 기후 변화로 악화될 것이고, 온난화가 계속되면 2050년 곡물 가격은 7.6%나 상승할 수 있다고 합니다. 우리나라는 쌀을 주식으로 하지만 소비량과 생산량 모두 점차 줄어들고 있습니다. 반면 빵이나 국수의 재료가 되는 밀 소비량이 점점 많아지고 있지요.

그런데 우리나라에서는 현재 밀 대부분을 수입에 의존하고 있습니다. 전 세계에서 곡물 생산이 감소하고 가격이 상승하면 수입 경쟁도 치열해져 더 비싼 값으로 곡물을 들여오거나 수입 자체가 불가능해질 수도 있습니다. 엎친 데 덮친 격으로 주요 밀 공급국인 러시아와 우크라이나가 전쟁을 하면서 세계적으로 밀 공급량이 감소해 밀 가격은 계속 높은 상태입니다.

우리나라의 식량 자급률도 매우 낮은 편입니다. 2023년 기준 전체 식량 자급률은 49.0%, 곡물 자급률은 22.2%에 그친다고 해요. 나라 안에서 통제할 수 있는 범위를 넘어서는 외부적인 요인에 매우 취약한 편이죠. 특히 기후 변화가 전 세계를 위협하고 있는 요즘, 우리나라뿐 아니라 세계 각국이 식량을 안전하게 확보하기 위한 식량 안보에 힘쓰고 있는 상황입니다.

인류는 농업으로 야생 식물을 작물로 바꿔 재배해 오면서 해당 작물의 유전자 다양성을 감소시켜 왔습니다. 맛이 좋은 품종만 남기고 품질을 유지하며 대량 생산을 쉽게 하기 위한 방안이었죠. 하지만 작물의 재배 환경이 급격히 달라지거나, 병충해나 전염병이 유행하면 이에 대처할 다양한 유전자가 확보되지 못해 해당 작물은 대안 없이 대량 절멸할 가능성이 높아집니다.

실제로 1850년경 아일랜드에서는 감자 전염병으로 인해 재배하던 모든 감자를 수확하지 못했고, 이것이 대기근으로 이어져 많은 사람이 굶어 죽는 일도 있었습니다. 따라서 식량 문제를 해소하기 위해 현재의 식량 생산 방식을 바꿀 필요도 있습니다. 품종 개량이나 유전자 단일화 문제 외에 농축산업이나 수산업에도 변화가 필요합니다. 과도한 탄소 배출을 억제하는 기술이나 시스템을 정비하고, 관련 분야에서 지속 가능한 식량 생산을 위한 연구나 기술 개발 등이 진행되고 있습니다.

근본적으로는 식량 수급에 영향을 미치고 있는 기후 변화를 막아야 하지만, 그에 앞서 식생활 습관이나 식문화를 바꾸려는 노력도 필요합니다. IPCC에 따르면 전 세계에서 생산되는 식량의 25~30%는 손실되거나 폐기되고 있으며, 여기서 나오는 탄소가 전체 탄소 배출의 최대 10%를 차지할 정도라고 합니다. 상품성이 떨어져도 먹을 수 있는 못난이 과일이나 채소를 적극적으로 소비하고, 차려진 음식을 되도록 남기지 않는 습관을 들이는 것도 사소해 보이지만 결국 기후 변화 대응에 바람직한 행동이 됩니다.

우리가 매일 마주하는 밥상과 먹을거리로 기후 변화 문제를 살펴보니, 당장 생존 위험에 처한 난민이나 멸종 위기에 처한 동식물들의 문제가 아니라 바로 나 자신의 문제라는 점이 다시금 실감됩니다. 나와 가족의 건강하고 알찬 밥상을 지키기 위해서라도, 사람의 생존에 필수적인 먹고 사는 문제를 기본적으로 보장받기 위해서라도 기후 변화 문제는 반드시 해결해야 할 인류의 사명입니다.

# 미세먼지 저감 대책을 수립해 볼까요?

앞서 설명한 것처럼 특히 우리나라
의 미세먼지 문제가 점점 심각해지
고 있습니다. 물론 중국·몽골 지역
에서 불어오는 편서풍의 영향이 크
지만, 국제적 협력이 필요한 사안
이외에도 우리나라 안에서 발생하는
미세먼지를 저감하기 위해 여러 가지
방법과 정책을 많이 시도하고 있어요.

미세먼지특별대책위원회 홈페이지

우선, 대기환경보전법 제11조에 의해 정부는 5년마다 미세먼지 저감 및
관리를 위한 종합계획을 수립하고 시행할 의무가 있습니다. 이에 따라 미세
먼지특별대책위원회를 설치하고 미세먼지 저감 계획을 수립 및 심의합니다.
각 지방자치단체에서도 지역에 맞춘 미세먼지 저감 대책을 수립 및 시행하
고 있어요.

미세먼지를 저감하기 위해 내가 사는 지역에는 현재 무슨 대책이 수립
되어 있는지 찾아볼까요? 그리고 그 대책에 보충할 점은 없는지, 내가 미세
먼지 대책을 수립해야 한다면 어떤 새로운 방법이 있을지 제안해 보세요.

내 생각은...

# 3장

# 지질

## 땅속은 소리 없는 아수라장

# 돌의 이유 있는
# 가치

여러분은 혹시 '반려돌'이라는 말을 들어보았나요? 돌에 이름을 붙여
주고 산책과 목욕도 시키는 등 말 그대로 돌을 가족이나 친구처럼 여
기며 돌보고 기르는 문화가 유행하고 있습니다. 살아 있는 생명체가
아님에도 불구하고 돌을 가까이 여기며 키우는 이유가 과연 무엇일까
요? 반려돌의 가장 큰 장점은 내 곁에 오래도록 머물러 준다는 점이라
고 해요. 일상에서는 '돌'이라는 용어로 부르지만, 과학적으로는 암석
(巖石. rock)이라고 합니다. 그러면 암석은 과연 우리 곁에 영원히 존재
할 수 있는 걸까요?

　암석은 지구 구성 물질에 의해 자연적으로 형성된 고체 물질로,
지구 내외부를 오가며 끊임없이 순환하고 있습니다. 먼저 지구 내부
에서 만들어진 마그마가 냉각되면 화성암(igneous rock)이 만들어집니
다. 이때 마그마가 지표로 흘러나와 용암이 되고, 이 용암이 식어 굳어
지면 화산암이 됩니다. 화산섬으로 유명한 제주도나 하와이섬에서 가
장 많이 발견되는 현무암도 바로 화산암의 일종이지요. 마그마가 지
표에서 빠르게 굳어지면서 미처 결정들이 커지지 못해 결정 크기가

현무암

화강암

작은 편입니다.

한편 지표면까지 올라오지 못한 마그마는 그대로 지하에서 식어 굳어지기도 하는데, 이때 만들어지는 암석은 심성암이라고 합니다. 땅속에서 천천히 만들어지므로 결정이 눈에 보일 정도로 비교적 큽니다. 지하에서 만들어진 후 조산 운동에 의해 땅 위로 올라와 발견되기도 하는데 화강암이 가장 대표적입니다. 관악산, 설악산 등 우리나라의 많은 산이 화강암으로 이루어져 있고, 화강암이 주는 풍부한 느낌과 아름다움 덕분에 석탑이나 불상 등 조각품의 재료로도 많이 사용해 왔습니다.

지상에 있던 암석들은 물과 바람 등에 의해 침식 및 풍화, 운반 작용을 거치면서 부서지고 옮겨지고 쌓입니다. 이렇게 쌓이는 물질을 퇴적물이라고 하고, 퇴적물들이 계속해서 쌓이면서 오랜 시간 서로 눌리고 엉기고 다져지면 퇴적암(sedimentary rock)이 만들어집니다.

퇴적암은 주로 암석을 구성하는 물질 중 가장 우세한 것이 무엇인지에 따라 분류됩니다. 그 우세한 구성 물질이 자갈(크기가 2mm 이상)이면 역암, 모래(1/16mm~2mm)면 사암, 점토(1/256mm 미만)면 이암 혹은 셰일이라고 합니다. 조개껍데기로 이루어진 패각암, 소금으로 만들어진 암염도 퇴적암에 속합니다.

마지막으로 이미 만들어진 암석들이 새로운 조건과 환경에서 큰 변화를 겪으며 또 다른 암석으로 만들어지기도 합니다. 이를 변성암(metamorphic rock)이라고 부릅니다. 주로 높은 열과 압력이 가해져 변성이 일어나며, 물과 같은 유체와의 화학적 반응으로도 변성이 일어나지요. 변성암은 원래의 암석이 무엇이었는지에 따라 분류됩니다. 주로 화강암을 기원으로 하는 편마암, 사암을 기원으로 하는 규암, 셰일을 기원으로 하는 점판암 등이 있습니다.

이렇듯 지구에서는 자연적으로 여러 과정을 거쳐 화성암, 퇴적암, 변성암 같은 암석들이 계속해서 형성되고 있습니다. 그리고 그 과정들은 서로 얽혀 연결되어 있지요. 지구 내부에서 암석이 녹으면 마그마가 만들어지고, 이 마그마가 식어 굳어지면 화성암이 만들어지고, 화성암은 지표에서 부서지고 운반되어 퇴적물로 쌓이거나 열과 압력을 받아 변성암이 됩니다.

퇴적물이 단단히 엉겨 붙어 굳어지면 퇴적암이 되고, 퇴적암이 열과 압력에 의해 변성암으로 변하기도 합니다. 형성된 퇴적암이나 변성암 역시 풍화 작용에 의해 다시 퇴적물이 되기도 하고요. 이들 모든 암석이 땅속 깊이 매몰되면 녹아서 다시 마그마가 만들어지겠지

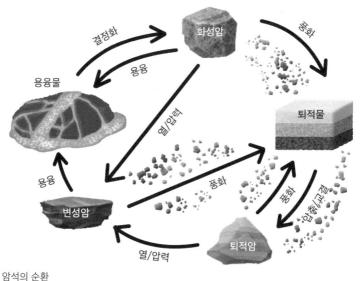

암석의 순환

요. 이렇게 지구에서 암석이 끊임없이 만들어지고 변화하고, 또다시 새롭게 만들어지는 과정을 암석의 순환이라고 합니다. 따라서 지구에 있는 모든 돌은 어느 형태로든 우리 곁에 영원히 있다고 말할 수 있겠네요.

물론 암석이 단지 반려의 역할에만 충실한 것은 아닙니다. 화성암은 지구 내부의 구성 성분을 알려주고, 퇴적암은 과거의 환경이나 생물에 대한 정보를 담고 있습니다. 변성암은 땅속 온도나 압력 같은 환경 조건을 알려주기도 하고요. 이는 우리가 암석을 과학적으로 연구하는 이유이기도 하지요. 하지만 산업적, 경제적으로도 높은 가치를 가지는 암석들이 있습니다. 때로는 이를 차지하기 위해 전쟁이나 다

툼도 불사할 정도로요.

현재 지구에는 모든 물질의 기본이 되는 118개 원소가 공인되어 있습니다. 이 중 90개가 자연에서 발견된 것이고 28개는 인공적으로 만들어낸 것입니다. 그런데 인간이 접근하기 쉬운 지각 암석의 주성분이 되는 광물은 대부분 자연계 원소 90개 중 겨우 8개의 원소로 구성됩니다. 8개 원소는 산소(O), 규소(Si), 알루미늄(Al), 철(Fe), 칼슘(Ca), 나트륨(Na), 칼륨(K), 마그네슘(Mg)입니다. 이들의 결합으로 광물이 만들어지는데, 광물 역시 30여 가지에 불과해요. 이들을 조암광물이라고 부릅니다. 이 중 대표적인 광물은 석영, 장석, 휘석, 감람석, 각섬석, 흑운모 등입니다. 예를 들어 화강암은 주로 석영, 장석, 운모로 구성되고, 현무암은 주로 사장석, 휘석으로 구성되어 있습니다.

이들은 주변에 흔하고 풍부하기 때문에 쉽게 구할 수 있지만, 특정한 용도에 필요하거나 경제적 가치가 높은 원소와 광물은 적게 분포하기도 합니다. 예를 들어 전선을 만들 때 필요한 구리, 화폐로서의 가치도 높은 금, 다이아몬드나 사파이어 같은 보석 광물들은 지각에서 차지하는 비율이 매우 낮고 순수하게 한데 모여 있는 경우도 드물기 때문에 구하기가 어렵지요.

이처럼 경제적 가치가 있으면서 유용한 물질을 '자원'이라고 부릅니다. 자원을 확보하기 위해 각 나라가 다양한 외교 전략과 산업 정책, 경제적 투자와 과학 기술 개발 등 온갖 노력을 다하고 있는 것이고요. 그런데 이러한 자원을 구할 때는 지질학적으로 유용한 광물이 어디에 얼마나 존재하는지를 파악하는 것도 중요하지만, 수익성도 중요하게 여깁니다. 땅속 깊이 묻힌 광물을 파내는 데 들어가는 비용이 그 광물로 얻을 수 있는 가치보다 훨씬 높다면 유용한 광물이 있더라도 발굴하기가 어려운 것이죠.

그래서 유용한 물질이 큰 규모로 농축되어 있고 매장된 곳의 깊이가 얕을수록 자원으로 개발하기 쉽습니다. 우리나라에는 시멘트의 주요 원료가 되는 석회석이 많습니다. 그래서 이를 채굴하고 활용하기 위해 주로 강원도 지역에 석회석 광산과 시멘트 공장이 다수 분포해 있죠.

이렇게 소중한 자원을 채굴하는 과정에서 또 다른 문제들이 야기됩니다. 자원이 있는 곳을 탐사한 뒤에는 자원을 채취할 광산을 개발하는데, 이때 대규모로 땅을 파내는 작업이 동반됩니다. 그러면 해당 지역의 경관과 지형을 훼손하고 소음과 먼지가 발생합니다. 더불어 채굴 과정에서 사용하는 화학물질들로 인해 주변 토양과 물이 오염될 수도 있습니다. 이 과정에서 지역 주민과 생태계에도 악영향을 미치고요.

채굴이 완료된 후 깊이 파헤쳐진 채 폐쇄된 광산을 어떻게 처리할 것인지도 문제가 됩니다. 지속적으로 침식이 일어나 위험할 수도 있고, 오염물이 제거되지 않고 남아 있으면 건강에 해로울 수도 있어 채굴이 끝난 광산의 회복과 활용 방안이 마련되어야 합니다. 따라서 최종적으로 자원 채굴을 결정하기까지는 과학적·경제적·사회적 고

채굴 중인 구리 광산의 모습

려와 합의가 모두 충분히 이루어져야 합니다.

암석의 순환 과정으로 자원이 만들어지는 속도와 확률에 비해 우리가 기존의 자원을 캐내는 속도가 너무 빠른 것도 큰 문제입니다. 아무리 양이 많다 해도 기본적으로 자원은 유한하기 때문이지요. 이 속도라면 언젠가는 자원이 고갈될 수밖에 없습니다. 그렇다면 그 후에는 어떻게 자원을 확보할 것이며, 미래 세대에게 필요한 자원을 현세대가 모두 사용할 권리가 과연 있는 것인지 등에 대한 답을 고민해야 합니다.

최근에는 이러한 문제를 인식하고 해결하기 위해 자원에 대한 새로운 접근법을 시도하고 있습니다. 그중 하나는 자원을 새로 채굴하

도시광산

는 대신, 기존에 채굴해서 사용했던 자원을 재활용하는 방법입니다. 예를 들면 폐콘크리트를 재활용해서 석회석 대신 시멘트를 만드는 데 사용하거나, 폐가전제품에 들어 있는 각종 금속을 선별한 뒤 회수해 사용하는 것입니다. 이러한 자원 채굴 방식을 도시광산(urban mining)이라고 부르는데, 2020년 도쿄올림픽에서는 폐가전제품으로부터 금속을 회수해 메달을 만들었다고 해요.

또 다른 방법은 과학 기술을 활용해 자원을 인공적으로 만들어내는 것입니다. 다이아몬드를 비롯한 보석 광물의 경우, 이미 구성 성분이나 빛의 굴절률 같은 특징까지 똑같이 재현한 인공 보석을 만들어내고 있기도 합니다.

지구를 벗어나 우주로 시야를 넓혀 달이나 화성에서 자원을 획득하기 위한 탐사와 기술 개발도 진행되고 있지요. 물론 이러한 대안들이 새로운 문제를 낳을 가능성도 있지만, 지속적으로 더 나은 방식을 찾기 위한 과정으로 볼 수 있겠습니다. 물론 무엇보다 중요한 것은 자원에 대한 대중들의 인식과 관점을 전환하는 것일 테죠. 자원의 유용성은 결국 수요와 직결된 문제입니다. 따라서 더욱 많은 사람이 자원을 아껴 쓰고 기꺼이 대체자원을 받아들인다면, 현재의 자원 채굴을 둘러싼 문제도 점차 해결할 수 있을 것입니다.

우리가 일상 용어인 '돌'이라고 부를 때는 주로 '주변에 널린 단단한 물체'로만 여기곤 했지만, 좀 더 깊이 들여다보니 암석, 광물, 자원으로 분류되며 매우 가치 있는 존재로 보이지 않나요? 돌뿐만 아니라 우리 주위에 있는 그 어떠한 생명이나 사물들도 저마다 소중한 가치가 있습니다. 그 가치를 발견하고 인정해 주는 것이 함께 살아가는 데 중요한 능력이 되겠지요.

오랜 세월 지구를 우직하게 지키고 있는 암석과 광물의 가치를 알고, 이를 지속 가능한 방식으로 활용할 수 있는 현명한 태도와 전략을 갖추는 것이 중요합니다. 이제 나만의 소중한 반려돌을 넘어 우리 모두에게 소중한 자원을 품은 '반려 지구'를 돌본다는 인식이 널리 퍼지길 바라봅니다.

# 화석 연료의
# 과거, 현재, 미래

최근 인류세(Anthropocene)를 새로운 지질시대로 인정하자는 움직임이 있습니다. 인류가 지구 환경과 생태계에 막대한 영향을 미쳐 큰 변화를 가져왔기 때문에 현재의 홀로세(Holocene)와 구분하여 새로운 지질시대로 도입해야 한다는 주장입니다. 인류세의 시작 시기는 인류에 의해 지구 환경이 영향을 받은 흔적이 남기 시작한 1950년, 인류세의 기준 장소인 국제표준층서구역(GSSP)은 캐나다의 크로포드 호수, 인류세임을 알려주는 물질인 주요 표지는 핵실험으로 만든 물질인 플루토늄으로 할 것을 제안했습니다.

하지만 국제지질학연합(IUGS) 내에서 시행한 투표가 부결되면서 공식화되지는 못했지요. 그래도 많은 사람이 지구에 미치는 인류의 영향력을 이미 인식하고 있고, 부결된 이유가 인류세 도입은 아직 이르다는 판단 때문이었기 때문에 앞으로 인류세에 대한 과학적인 기준과 그 연구가 계속 쌓여 설득력이 높아진다면 학계에서도 인류세를 승인할 가능성이 있습니다. 물론 그렇게 모두가 인정할 만큼 더 심각한 환경 및 생태계 변화가 일어나지 않는 것이 가장 좋겠지요.

| 누대 | 대 | 기 |
|------|-----|-----|
| 현생 누대 | 신생대 | 제4기 |
|  |  | 신진기 |
|  |  | 고진기 |
|  | 중생대 | 백악기 |
|  |  | 쥐라기 |
|  |  | 트라이아스기 |
|  | 고생대 | 페름기 |
|  |  | 석탄기 |
|  |  | 데본기 |
|  |  | 실루리아기 |
|  |  | 오르도비스기 |
|  |  | 캄브리아기 |
| 원생 누대 |  | 신원생대 |
|  |  | 중원생대 |
|  |  | 고원생대 |
| 시생 누대 |  | 신시생대 |
|  |  | 중시생대 |
|  |  | 고시생대 |
|  |  | 초시생대 |
| 명왕누대 |  |  |

| 상대적 시간 길이 | | |
|------|-----|-----|
| 현생 누대 | 신생대 | |
|  | 중생대 | |
|  | 고생대 | |
| 원생 누대 | | |
| 시생 누대 | | |

지질 연대표

인류세 승인이 공식적으로 불발되면서 우리는 현재 신생대 제4기 홀로세에 살고 있다고 말할 수 있습니다. 46억 년에 걸친 지구의 역사는 지구 환경의 변화와 생물의 멸종 및 진화를 기준으로 구분하는데, 국제층서위원회에서 발표하는 국제지질연대층서표가 기준이 됩니다. 이때 먼 과거의 생물상과 환경 정보를 얻는 데는 화석이 매우 중요한 역할을 합니다.

화석은 지질시대에 살았던 생물의 유해나 흔적을 말합니다. 생물의 몸체뿐 아니라 발자국이나 배설물도 화석이 될 수 있지요. 과거에 살았던 생물의 습성이나 생태에 대한 정보를 제공해 주고, 특정한 시기나 환경에서만 발견되는 경우에는 화석이 놓인 지층의 형성 시기나 당시 환경을 알려주는 지표가 되기도 합니다. 예를 들어 고생대에만 살았던 삼엽충, 중생대에만 살았던 암모나이트, 신생대에만 살았던 화폐석은 각각 발견된 지층이 형성된 시기를 알려주지요. 이러한 화석을 표준화석이라고 부릅니다.

한편 여러 시대에 걸쳐 살았어도 특정한 환경에서만 서식하는 경우에는 해당 화석이 발견되는 지층의 당시 환경이 어땠는지를 알려줍니다. 따뜻하고 얕은 바다에 사는 산호, 따뜻하고 습한 땅에서 사는 고사리, 종류에 따라 서로 다른 수심에서 사는 유공충 등은 퇴적 당시의 환경을 알려주는 시상화석에 속합니다. 이렇게 여러 화석을 통해 우리는 약 38억 년 전 지구상에 최초의 생명체가 등장했고, 현재까지 시대별로 수많은 생물이 출현했다가 멸종하거나 진화를 거듭했다는 사

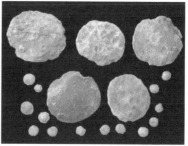

유공충(좌)과 화폐석(우)

실을 알게 되었습니다.

　그런데 지구에서 살았던 수많은 과거 생물, 특히 고생대 이후 육상 식물들과 해저에 살던 미생물들은 현재를 살아가는 인류에게까지 매우 중요한 영향을 미치고 있습니다. 바로 가장 많이 쓰이는 자원인 석탄과 석유가 이들로부터 형성된 화석 연료이기 때문입니다. 화석 연료는 과거에 살던 생물의 잔해로 만들어집니다. 석탄은 땅 위에 살던 식물들로부터, 석유는 바다나 호수 밑에 퇴적된 미생물을 재료로 형성됩니다. 현재 인류가 가장 많이 의존하고 있는 에너지원이지요.

　석탄은 오랜 시간에 걸쳐 식물들이 땅에 묻혀 쌓인 뒤 단단하게 굳어져 만들어집니다. 식물들의 잔해가 대기 중에 노출되면 썩기 마련이지만, 습지와 같이 산소를 차단할 수 있는 환경에 매몰되면 식물 잔해가 계속 남아 쌓이고, 땅속에서 열과 압력에 의해 불순물은 제거되며 단단해집니다. 특히 고생대 석탄기(3억 6천만 년 전~2억 8천 6백만 년 전)에 최대 규모의 석탄 늪지가 형성되어 지구에 있는 석탄 중 약

1/3가량이 이때 만들어졌다고 합니다.

당시 살았던 식물은 단단한 껍질과 줄기를 형성하는 리그닌이라는 물질을 함유하고 있었습니다. 이때는 리그닌을 분해하는 미생물이 아직 출현하지 않았기 때문에 식물이 죽어 땅에 묻힌 뒤에도 분해되지 않고 온전히 퇴적되어 석탄화되는 양이 많았던 것입니다.

석탄기 이후에도 석탄은 계속해서 만들어졌는데, 우리나라에 발달한 석탄층 역시 석탄기 이후인 고생대 페름기~중생대 트라이아스기에 만들어진 것입니다. 강원도 태백과 경상북도 문경 등이 우리나라의 유명한 석탄 산지입니다.

석유는 바다나 호수 밑에 쌓인 생물의 잔해 위로 퇴적물이 계속해서 쌓여 그 깊이가 깊어지고 온도와 압력이 상승하면, 유기물이 액체 상태로 변해 암석 사이에 스며들면서 생성됩니다. 전 세계적으로 석유를 가장 많이 함유하는 지층은 6천 6백만 년 전~2백만 년 전의 신생대 지층입니다. 석유가 형성되어 있는 지층 위로 계속 퇴적물이 쌓여 압력과 온도가 높아지면 만들어진 석유가 사라질 수 있기 때문에 비교적 최근인 신생대 지층에서 잘 발견되는 것이죠.

자원으로 채굴할 정도로 경제성이 높고 충분한 양의 석유가 모이려면 몇 가지 조건이 필요합니다. 석유가 새어 들어가기 쉬운 다공질(구멍이 많은 물질)의 암석이 있어야 하고, 이들이 다른 곳으로 새어 나가지 않도록 밀도가 높은 암석이 그 주변을 덮고 있어야 하며, 위로 볼록한 배사 구조를 띠고 있는 곳이어야 합니다. 지금은 대부분 사막

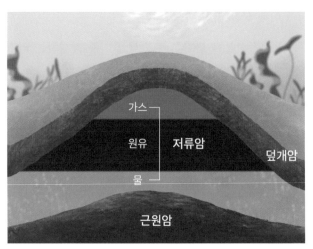

가스

원유

저류암

물

덮개암

근원암

석유가 모이는 데에 유리한 배사 구조

이긴 하지만 먼 과거에는 바다였던 중동 지역에서 석유가 많이 나는 이유도 이러한 지질학적 조건들을 잘 갖추고 있기 때문입니다.

오랫동안 천천히 형성된 석탄과 석유는 산업 혁명 이후 인류 문명에서 가장 중요한 에너지원으로 활용되고 있습니다. 철과 석탄이 풍부했던 영국의 맨체스터 지방을 중심으로 시작된 산업 혁명은 석탄을 연료로 하는 증기기관의 발달과 함께 더욱 가속화되었지요. 기존에 사용하던 나무 연료에 비해 발열량이 높고 운반도 쉬운 석탄은 점차 더 많은 곳에 활용되었고, 기계화와 교통수단의 발달 등 산업 혁명의 기초가 되는 사건들에 엄청난 기여를 했습니다.

특히 화력 발전의 주요 연료로 쓰이면서 석탄에 대한 의존도가 매우 높아졌습니다. 우리나라도 2022년 기준 전체 발전량 중 석탄 화력 발전이 39.7%로 가장 높은 비중을 차지하고 있으며, 세계적으로도 5위에 이를 정도로 석탄 화력 발전량이 많습니다.

처음 석유는 1847년 윤활제로 쓰이면서 상업적으로 이용되었는데, 이후 조명 및 취사나 난방에 활용하면서 대중화되었습니다. 오늘날에는 자동차 연료 및 석유화학공업 원료로 쓰며 거의 모든 곳에 필수적인 자원이 되었습니다. 플라스틱, 합성 섬유, 의약품, 화장품 등 일상 제품이 대부분 석유를 원료로 하고 있지요.

하지만 이렇게 인류에게 많은 편리함을 선물하고 현대 문명을 발달시키는 데 결정적인 역할을 한 석탄과 석유가 최근 들어 많은 지탄을 받고 있습니다. 석탄과 석유의 주요 성분은 탄소인데, 이를 태울 때 부산물로 이산화 탄소가 발생하기 때문입니다. 즉 화석 연료의 연소 과정이 대기 중 이산화 탄소 배출의 주요 원인인 것이죠. 대기 중 이산화 탄소 농도 증가는 곧 지구 온난화로 이어지고요.

그래서 전 세계적으로 화석 연료 소비를 줄이고 대안적인 에너지원을 찾기 위해 노력하고 있습니다. 2021년 영국 글래스고에서 열린 제26차 기후변화협약 당사국총회(COP26)에서는 석탄 화력 발전을 단계적으로 감축하기로 합의했으며, 전 세계 국가가 석탄 의존도를 낮출 방안을 고심하고 있습니다. 대표적으로 독일은 전체 전력 사용량의 절반 이상을 풍력, 태양광 등 재생에너지로 전환하고 있으며, 2038년까지 탈석탄을 하겠다고 선언한 바 있습니다. 2023년 대표적 산유국인 아랍에미리트(UAE) 두바이에서 열린 제28차 기후변화협약 당사국총회(COP28)에서는 현재 화석 연료 중심의 에너지 시스템을 전환하기로 합의하고 2030년까지 재생에너지의 용량을 3배로, 효율을 2배로 늘리기로 했지요.

탄소 중립과 지속 가능한 미래를 위해 화석 연료의 사용을 줄이려는 최근의 여러 시도에도 불구하고, 2023년 기준 전 세계 전력 생산의 약 60.6%는 여전히 화석 연료에 의존하고 있습니다. 특히 중국과 미국을 중심으로 매우 높은 소비량을 보이고 있지요.

우리가 화석 연료에 의존적인 삶의 방식을 바꾸고 지속 가능한 새로운 에너지원을 찾아 활용하는 것은 결코 쉬운 일이 아닙니다. 개인의 습관이나 생활 방식을 바꾸는 것부터 기업, 사회, 정부 등 모든 당사자가 정치 경제, 사회문화, 과학 기술, 환경적 요인까지 모두 고려해 적절한 전략과 정책을 수립하고 실천해야 하죠. 우리가 오랜 세월 화석 연료에 의존해 현대 문명을 이루고 누린 만큼, 이 시스템을 단기간에 바꾸기란 정말 어려운 일입니다.

하지만 화석 연료에 의존하면서 지구 온난화와 기후 변화를 겪으며 안전하고 건강하게 살아간다는 것 역시 불가능합니다. 화석 연료는 언젠가 동이 날 것이고, 극심한 기후 변화 속에서 인류를 포함한 모든 생물이 위기를 맞게 되겠죠. 생물의 대량 멸종과 급격한 환경 변화에 따른 새로운 지질시대를 맞이하는 대신, 힘들지만 각자 삶의 방식을 변화시키는 노력을 통해 지속 가능한 미래를 맞이하는 선택이면 좋겠습니다.

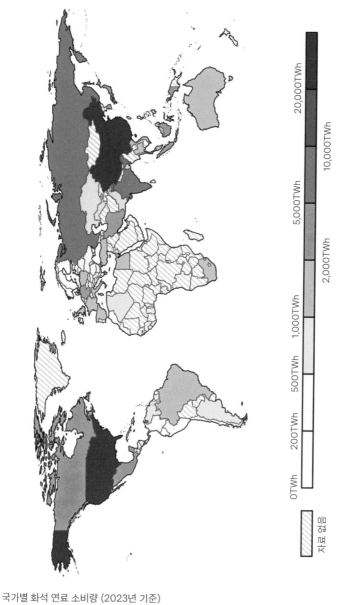

국가별 화석 연료 소비량 (2023년 기준)

| | | | | | | | | | |
|---|---|---|---|---|---|---|---|---|---|
| 0TWh | 200TWh | 500TWh | 1,000TWh | 2,000TWh | 5,000TWh | 10,000TWh | 20,000TWh | | |

자료 없음

데이터 출처: OWID

# 땅속의 흙, 물, 그리고 쓰레기

여러분 발밑에는 무엇이 있을까요? 중력이 존재하므로 우리 아래는 늘 지구가 있습니다. 지구를 영어로는 earth라고 하는데, 이 단어는 '땅'이라고도 번역합니다. 즉 우리 발밑에는 언제나 땅이 있다고 할 수 있겠죠. 그러면 땅 밑에는 무엇이 있을까요?

습하고 온도가 일정하게 유지되며 어두운 땅속은 우리 눈에 잘 보이지 않지만 미생물부터 포유류까지 매우 다양한 생물들이 살아가는 터전입니다. 우리가 잘 아는 지렁이나 개미, 두더지 등이 대표적이죠. 또한 식물 대부분이 땅속에서 움을 틔워 뿌리를 뻗고, 영양분과 물을 흡수하며 건강하게 자라납니다. 감자나 고구마, 당근처럼 땅속에서 캐낼 수 있는 작물들도 많지요.

식물들에 영양을 공급해 주는 땅속의 흙을 토양(soil)이라고 합니다. 토양은 암석이 부서져서 가루나 알갱이 형태로 된 물질들, 그리고 생물들의 잔해나 유해에서 형성된 물질들이 모두 섞여 있습니다. 일반적으로 토양의 구조는 깊이에 따라 구분하는데 지표면에서부터 표토, 심토, 모질물, 기반암으로 나뉩니다.

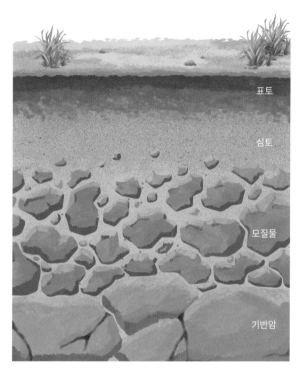

표토

심토

모질물

기반암

토양의 구조

---

　토양은 이루는 입자들의 크기, 색, 성분 등에 따라 특징이 서로 다릅니다. 대표적으로 석회암 기반의 붉은 토양인 테라로사(terra rossa)가 있지요. 석회암의 탄산 칼슘 성분은 물에 녹아 없어지고 철과 알루미늄 등이 남아 있는데, 이때 철 성분이 산화되어 붉게 보이는 것입니다. 테라로사는 토양의 입자 크기가 작은 편이지만 석회암 지대에서 형성되어 물이 잘 빠져나가므로 주로 작물을 재배하는 용도로 활용되고 있습니다. 우리나라의 강원도 영월이나 이탈리아 등이 테라로사로

유명한 지역입니다.

주변에 화산이 있는 경우에는 화산 토양이 주로 분포합니다. 제주도의 흙이 검은 이유가 바로 화산암인 현무암으로 형성된 것이기 때문입니다. 제주도 면적의 약 90% 정도를 현무암이 차지하고 있다고 해요. 제주의 화산 토양은 물이 잘 빠지기 때문에 지하수가 잘 모이는 곳이기도 합니다.

지하수는 물이 땅속으로 스며들어 모인 것인데, 바닷물을 제외한 지구의 물 중 약 30%를 차지합니다. 염분이 없으므로 인간 생활에 활용하기 쉬운 담수를 얻는 데 매우 중요한 역할을 하지요. 토양이나 암석의 알갱이 사이에 있는 틈 혹은 암석이 깨지거나 갈라진 공간을 공극이라고 하는데, 공극이 크거나 많을수록 더 많은 물이 스며들 수 있습니다. 그렇게 사용하기 충분한 양의 지하수가 모인 곳을 대수층이라고 해요. 일반적으로 대수층 위에는 우물이 개발됩니다.

지하수는 암반의 성질에 따라 화학 성분이 달라집니다. 예를 들어 프랑스의 에비앙 지역은 지하수가 탄산 암반에 있어서 칼슘(Ca)이나 중탄산($HCO_3$) 성분이 많이 함유되어 있습니다. 채취한 지하수는 식수나 생활용수로 사용되고, 채취한 후 용도에 따라 필요한 성분을 추가하거나 제거하기도 하지요. 예를 들면 식수용 지하수에 탄산가스를 주입해 탄산수로 만들기도 하고, 빨래나 목욕을 할 때 거품을 풍성하게 내려고 칼슘과 같은 용해 물질을 제거하기도 합니다.

우리 발밑에 늘 존재하지만 눈으로 볼 수 없는 땅속에는 다양한 생물들이 나름의 생태계를 이루고 있고, 토양과 지하수 등 환경적 요인들도 고유한 시스템을 갖추고 있답니다. 그런데 우리가 예상치 못하게 땅속에 묻혀 있는 것이 하나 더 있습니다. 바로 '쓰레기'입니다.

2022년 기준으로 우리나라의 전체 쓰레기 중 약 5.1%가 땅속에 매립하는 방식으로 처리되었고, 그 양은 944만 톤에 이릅니다. 우리나라에서는 쓰레기가 배출된 후 재활용이나 소각을 거치지 못하고 최종으로 남은 쓰레기가 매립됩니다. 지역마다 전용 매립지를 조성해서 처리하는데, 대표적인 곳은 서울 시내에 있는 난지도 매립지입니다.

1978년부터 쓰레기를 매립했는데 1985년에 매립량을 초과했고, 그 이후에는 쓰레기를 묻지 못하고 그 위로 쌓아 올려 마치 산처럼 쓰레기가 모였습니다. 결국 1993년에 매립을 멈췄고, 2002년에는 공원으로 다시 태어났지요. 과거에는 사후 처리 없이 그냥 쓰레기를 모아 묻기만 했기 때문에 많은 문제가 발생했습니다. 매립된 쓰레기로부터 나오는 유독가스와 악취, 주변에 모여든 벌레들, 토양과 지하수의 오염 등 불쾌한 환경 문제들을 초래하기도 했죠.

쓰레기에 포함된 플라스틱 같은 합성 물질은 땅속에서 분해되기까지 수백 년이 걸립니다. 수은이나 카드뮴 같은 중금속 역시 분해가 잘되지 않아 흙 속에 오랫동안 남아 있어요. 최근에는 인간 활동의 결과물인 쓰레기 매립지를 아예 하나의 지층으로 보자는 주장까지 나오고 있습니다. 인간이 만든 인공물이 땅속에 남은 흔적을 '기술 화석'이라 부르며, 실제로 인류세 연구자들은 쓰레기 매립지를 시추해 분석

쓰레기 산과 쓰레기 지층

하기도 합니다.

　쓰레기는 묻혀 있는 땅만 오염시키는 것이 아닙니다. 쓰레기에서 나온 유해 물질들이 지하수로 유입되어 물을 오염시키기도 하지요. 배출되는 각종 세균이나 바이러스가 주변 생물들을 위협하기도 하고요. 이 연쇄적인 작용은 결국 인간에게도 큰 피해를 줄 수 있습니다.

대표적인 사례가 바로 1940년대 미국 나이아가라 폭포 근처의 러브 커넬(Love Canal)이라는 곳입니다. 여기에 각종 쓰레기와 화학 폐기물을 매립하다가 매립이 종료된 1950년대 이후 이 위를 덮어 학교를 세우고 마을을 조성했습니다. 그런데 1970년대부터 이 지역의 학생과 주민들이 각종 질병에 시달리며 괴로워했고, 역학 조사 결과 땅에 묻었던 쓰레기에서 배출된 유독성 물질이 주원인으로 확인되었습니다. 결국 학교와 마을은 폐쇄되었지만, 이미 벌어진 일련의 사건과 피해들은 되돌릴 수 없었죠.

쓰레기를 제대로 처리해야 한다는 인식이 없었던 과거를 지나, 지금은 땅에 묻힌 쓰레기가 일으키는 악영향을 줄이기 위해 쓰레기를 매립할 때 단계별로 여러 시설과 작업을 거치고 있습니다.

먼저 쓰레기를 종류별로 나눠 각 종류에 맞는 방식으로 처리하기 위해 분류 과정을 거칩니다. 예를 들어 우리나라는 2005년부터 음식물쓰레기 직매립을 전면 금지하고 별도로 수거한 뒤 비료나 사료로 재활용하고 있습니다. 독성이 매우 강한 유독성 화학물질이나 방사능이 포함된 핵폐기물은 해당 물질이 유출되지 않도록 별도의 장소를 정해 차단벽을 철저하게 설치한 뒤 처리합니다.

쓰레기를 분류해서 매립에 적합한 쓰레기들을 옮겨온 후에는 먼지와 악취, 해충 등을 막기 위해 흙을 추가로 덮고 탈취 및 살충 작업을 합니다. 또한 쓰레기 분해 과정에서 발생하는 가스가 누출되지 않도록 가스를 모으는 장치, 오염 물질이 매립지 바닥이나 지하수로 흘

세계 제로 웨이스트의 날

러 들어가지 않도록 막는 차단 시설이 설치되어 있기도 합니다. 모인 매립 가스는 발전소로 옮겨 에너지를 생산하는 데 활용하기도 하지요.

그런데 위와 같은 노력은 계속해서 쓰레기가 대량으로 배출되어 처리해야 할 때 필요한 대안들입니다. 사실 우리가 살아가면서 쓰레기를 배출하지 않는 것은 거의 불가능하기 때문에 쓰레기가 사라질 수는 없을 거예요. 하지만 재활용이나 재사용을 통해 쓰레기의 양을 줄이고, 소비 자체를 줄이거나 소비 문화를 바꾸면 쓰레기 배출이 줄어들면서 쓰레기 문제 자체가 점점 줄어들겠죠.

쓰레기를 줄이려는 다양한 활동은 제로 웨이스트(zero waste)라는 문화적 유행으로 확산되었습니다. 쓰레기 종량제, 컵 보증금 제도 등의 정책을 도입해 쓰레기 배출을 줄이도록 유도하고, 무라벨 음료병, 택배 박스용 종이테이프 등 분리배출이 쉬운 제품을 생산해 재활용을 돕고, 중고 거래나 나눔 플랫폼을 개발하는 등 정부나 기업에서도 다양한 지원과 동참을 실천하고 있지요. 국제연합(UN)에서도 매년 3월 30일을 '세계 제로 웨이스트의 날'로 지정해 세계적으로도 그 필요성을 인정하고 있습니다.

우리가 쓰레기를 땅속에 묻어 보이지 않게 처리했다고 해서 그 쓰레기가 사라진 것은 아닙니다. 오히려 땅에 묻힌 쓰레기는 원래 땅속에 있던 토양과 지하수를 적극적으로 오염시키지요. 오랜 시간에 걸쳐 형성된 땅속의 흙과 물은 한 번 오염되면 다시 되돌리기가 매우 어렵다는 특징이 있습니다. 따라서 원래의 상태를 유지하기 위해 노력하는 것이 사후에 대책을 마련하는 것보다 훨씬 효율적이라고 할 수 있어요.

쓰레기들은 땅을 오염시키는 데 그치는 것이 아니라 결국은 땅 위에 살며 쓰레기를 버린 우리에게 그대로 되돌아옵니다. 인류 문명은 이제 쓰레기 지층을 만들어낼 수밖에 없는 상황에 놓여 있습니다. 그렇다면 적어도 환경에 미치는 영향을 되도록 줄이는 방법으로 처리하고, 버려지는 양을 최소화하려고 노력하면서 쓰레기와 잘 공존하는 방안을 모색해야 하겠습니다.

# 역동적인
# 지구

전 세계적으로 매일 약 55건의 지진이 발생하고, 1년에는 약 2만 건의 지진이 발생합니다. 사실 우리나라에도 매년 수많은 지진이 발생해요. 2023년에는 지진이 총 812건이나 일어났지요. 이 중 규모 2.0 이상의 지진이 106회, 사람이 느끼지 못하는 규모 2.0 미만의 미소지진이 706회였습니다.

이처럼 지진 대부분은 규모가 약해서 우리가 인지하지 못하고 지나가는 경우도 많지만, 때로는 규모 7.0 이상의 대지진이 발생해 큰 재난이 닥치기도 합니다. 2023년 2월에는 튀르키예에서 대지진이 연속적으로 발생해 5만 명 이상의 사망자를 내기도 했고, 2024년 4월 대만에서도 대지진이 발생해 수십 채의 건물이 무너지는 일이 있었습니다. 일본 난카이 대지진 경보와 예측이 화제가 되고 있기도 하고요. 이렇듯 지진은 늘 우리 곁에서 언제 일어날지 모른다는 두려움을 심어주고 있습니다.

지진은 정확히 무엇이고 왜 일어나는 걸까요? 지구 내부에서 여러 요인에 의해 힘이 응축되어 있다가, 한계점을 넘어서면 암석이 급

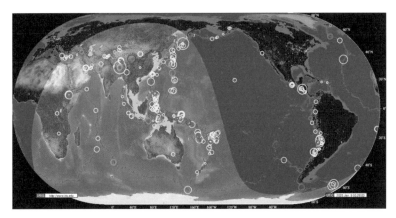

실시간 지진 발생 현황 (2025년 1월 기준)

출처: 어스스코프 컨소시엄

격히 파괴되면서 탄성파의 형태로 에너지가 전달됩니다. 바로 이 과정을 지진이라고 합니다.

지진이 날 때 흔히 땅이 흔들린다고 표현합니다. 지구 내부에서 에너지가 전달될 때 암석이 진동하고 그 여파가 지표면으로까지 전달되면 땅이 흔들리거나 갈라지고, 끝내 무너집니다. 이렇게 지표로 드러나기 전까지는 땅 아래에서 진동이 전달되는 과정을 직접 목격하기 어렵습니다. 하지만 '지진파'를 기록하고 분석하면 지진에 대한 정보를 알아낼 수 있죠.

지구 내부를 지나는 지진파에는 크게 P파와 S파 2종류가 있습니다. P파는 파동이 진행하는 방향으로 평행하게 진동이 일어나 암석이 압축되었다가 탄성에 의해 다시 팽창하는 모습을 보입니다. 암석과 같은 고체뿐 아니라 물이나 공기와 같은 유체도 통과할 수 있으며 진

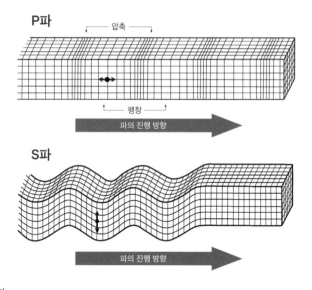

P파와 S파

행 속도가 빠른 편입니다.

    S파는 파가 진행하는 방향에 수직으로 진동이 일어나며, 암석이 어그러지듯이 형태가 바뀝니다. 고체는 지나갈 수 있지만 유체는 통과하지 못하고, 이동 속도는 P파에 비해 느리지만 흔들림의 강도는 더 세지요.

    지진파는 지구 곳곳에 설치된 지진계로 관측 및 기록합니다. P파와 S파가 도달한 시간의 차이를 이용해 진앙까지의 거리를 알아내기도 하고, 지진파의 진폭을 이용해 지진의 규모를 계산해 내기도 합니다. 우리나라에도 기상청 산하의 지진관측소가 282곳이나 있어 실시간으로 지진을 관측 및 분석하고 그 결과를 통보하고 있습니다.

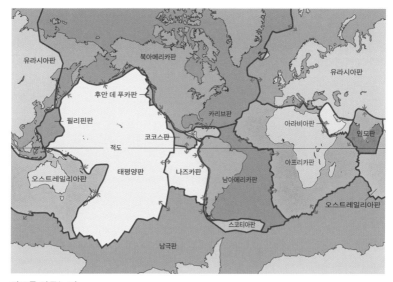
지구를 이루는 판

지진을 일으키는 주된 원인은 단층인데, 더 거대한 규모에서 보면 지구 내부의 '판'이 움직일 때 동반되는 현상입니다. 판은 맨틀 최상부와 그 위의 지각을 가리키는 개념으로, 현재 지구는 7개의 주요 판(유라시아판, 태평양판, 북미판, 남미판, 아프리카판, 호주-인도판, 남극판)을 포함해 여러 판으로 이루어져 있습니다. 지구 내부의 운동에 따라 판은 지속적으로 움직이고 있는데 판마다 이동 속도가 다르기 때문에 판의 경계에서는 판끼리 충돌, 섭입, 발산 등 다양한 현상이 나타납니다.

판이 서로 반대 방향으로 멀어지면 그 사이가 벌어지므로 판 아래에 있는 맨틀에서 새로운 물질이 올라와 새로운 땅을 만듭니다. 이러한 곳을 발산 경계라고 합니다. 이곳에는 주로 '해령'이라고 하는 해

샌안드레아스 단층

▲ 발산 경계

▲ 보존 경계

해양판

충돌형                    섭입형

▲ 수렴 경계

판의 경계: 발산, 보존, 수렴(충돌형·섭입형)

저 산맥이 발달합니다.

판이 서로 만나 부딪히는 곳은 수렴 경계라고 합니다. 성질이 비슷한 판끼리 만나 충돌하면 높은 산맥을 만들기도 하고, 더 무거운 성질의 판이 다른 판 아래로 파고들어 깊은 골짜기를 만들기도 합니다. 지구에서 가장 높은 산인 에베레스트산을 품은 히말라야산맥과 지구에서 가장 깊은 골짜기인 마리아나 해구가 모두 수렴 경계에 형성된 지형이지요. 판이 서로 스치는 형태인 보존 경계에서는 수평적으로만 땅이 어긋나는 변환단층이 발생합니다. 미국 캘리포니아 지역의 샌안드레아스 단층이 유명한 사례입니다.

판의 경계에서는 이처럼 다양한 지형들이 형성되는데, 이때 늘 지진이 함께 일어납니다. 판의 이동 속도는 비록 1년에 몇 cm밖에 되지 않을 만큼 느리지만, 끊임없이 움직이기 때문에 지진 역시 계속해서 일어나는 것이죠. 특히 주요 판 중 하나인 태평양판의 주변에서 매우 활발하게 지진이 일어나므로 이 주변을 '환태평양 지진대'라고 부릅니다. 환태평양 지진대를 '불의 고리'라고도 부르는데, 지진뿐 아니라 화산 활동도 활발하기 때문입니다.

화산은 지구 내부에 있는 마그마가 지표면으로 분출되어 나오는 현상입니다. 마그마의 성분이나 온도 같은 성질에 따라 화산이 분출하는 형태도 달라집니다. 상대적으로 온도가 낮고 규소 성분이 더 많아 점성이 크면 더 격렬하게 폭발하고, 점성이 작으면 더 잘 흐르는 형태로 분출됩니다.

폭발하는 화산(좌), 굳어버린 용암(우)

　하와이의 마우나로아는 지구에서 가장 큰 화산으로 꼽히는데, 이 화산은 점성이 작고 유동성이 커서 넓고 경사가 완만한 방패 모양입니다. 그 모양 때문에 순상 화산이라고도 해요. 반면, 제주도의 산방산은 점성이 커서 비교적 경사가 급하고 마치 돔과 같이 더 볼록한 모습입니다. 이런 화산을 종 모양 같다고 해서 종상 화산이라고도 합니다.

　화산이 분출할 때는 액체 상태인 용암, 기체 상태인 화산가스, 고체 상태인 화산쇄설물들이 나오는데 이것들이 인간에게 큰 피해를 주기도 합니다. 온도가 무려 800~1200°C에 이를 정도로 뜨거운 용암은 지나가는 자리에 있는 모든 것들을 태워버리고, 수증기·이산화 탄소·황 화합물 등으로 이루어진 화산가스는 지구 온난화를 일으킵니다. 화산재는 대기를 덮어 햇빛을 차단하고 시야를 가리며, 화산력이나 화산탄 같은 화산쇄설물들은 각종 구조물을 파괴하죠. 바람에 의해 화산재가 퍼지거나 분출 시 폭발력으로 먼 곳까지 화산탄이 날아가기도 하고, 산이 빙하로 덮여 있다면 화산이 폭발할 때 물이 섞이면서 더 빠르게, 더 멀리 쇄설물들이 날아가기도 합니다. 그래서 화산 인근 지역뿐 아니라 훨씬 먼 곳에도 영향을 미칩니다.

지진과 화산은 지구가 역동적으로 움직이고 있음을 보여주는 증거로 지극히 자연스러운 현상입니다. 지구 안에 있던 에너지와 물질이 지표면으로 나오면서 우리가 접근하기 어려운 지구 내부의 정보를 전해주기도 하죠. 하지만 이러한 지구의 역동성이 인류의 생존이나 일상을 위협하기 때문에 우리는 지진과 화산을 늘 감시하고 그 피해를 최소화하는 여러 방안을 찾아 도입하고 있습니다. 자연 현상인 지진이나 화산의 발생 자체를 인위적으로 막을 수는 없지만, 최대한 안전하게 이들과 공존하는 방법을 모색하고 있는 것이죠.

과거에 일어났던 지진이나 화산 폭발 기록과 그 증거들을 수집해 패턴을 분석하면 어떤 원인이나 전조 현상이 있을 때 지진이나 화산이 동반되는지, 또 시간 간격을 얼마나 두고 지진이나 화산이 일어나는지 등을 알아내 대비할 수 있습니다.

예를 들면 이산화 황의 방출량 증가가 화산 분출의 전조가 되기도 하고, 작은 지진이 빈번해지다가 화산이 폭발하기도 합니다. 단층 운동이 가속화되면 지진이 일어날 가능성이 커지고, 특정 지역에서는 수십년에서 수백 년마다 반복적으로 지진이 일어나기도 합니다. 이러한 정보들을 바탕으로 다양한 탐사 및 관측 장비를 통해 주요 지점들에서 지속적인 감시와 모니터링을 하고 있습니다.

더불어 지진이나 화산 발생으로 벌어지는 피해를 줄일 수 있게끔 건물마다 내진 설계를 의무화하는 제도와 각종 내진 기술들이 개발 및 적용되고 있고, 화산재가 덜 달라붙거나 세척을 효과적으로 할 수 있는 기술들도 연구되고 있지요. 지진이나 화산으로부터 안전하게 피할 수 있는 대피소와 발생 정보를 빠르게 알리는 통보 시스템도 구축되어 있습니다.

지진이나 화산과 같은 자연재해는 그 위험에 노출되어 살아가야 하는 경제적·정치적 문제와 관련이 깊습니다. 과학적으로 지진이나 화산 활동을 적절하게 감시하고 대비할 수 있는 기술이 개발됐다 하더라도, 그것을 적용하기 위해 필요한 비용을 감당하지 못하면 재해로 인한 피해를 오롯이 받겠죠.

예를 들어 2010년에 대지진으로 큰 피해를 입은 아이티에서는 그 이후에 내진 규제를 만들었지만 경제적·정치적 문제로 이 규제가 잘 지켜지지 않았고, 결국 2021년에 다시 지진이 일어나자 똑같이 큰 피해를 입었습니다. 이 역동적인 지구에서 모두가 안전하게 함께 살아가려면 과학 기술적 이해와 접근뿐 아니라 사회·경제적 측면에서 접근한 대안도 함께 마련해야 합니다.

# 무너지는 산,
# 꺼지는 땅

혹시 동해의 촛대바위, 제주도의 용두암, 백령도와 울릉도의 코끼리바위를 아시나요? 단단한 바위가 파도에 오랜 세월 깎이면서 특이한 모습이 되어 많은 사람의 이목을 끄는 명소들입니다. 인간이 정성 들여 일부러 만들어낸 작품이 아니라 바람, 파도, 물 같은 자연에 의해 자연스럽게 형성된 모습을 신기해하고 아름답다고 여기는 것이지요. 이렇게 자연이 만들어낸 아름다움에는 사실 풍화와 침식이라는 과정이 숨어 있습니다.

풍화란 암석이 분해되고 변질되는 과정을 말합니다. 크게는 단단한 암석을 부수어 크기를 작게 만드는 기계적 풍화, 암석의 구성 성분 및 조성을 변화시키는 화학적 풍화로 구분됩니다.

압력이 높은 지하에서 만들어진 암석이 지표로 올라오면 주변에서 암석을 누르던 힘이 약해지므로 팽창하면서 깨지기 쉬워지고, 노출된 암석 틈에 물이 스며들었다가 추워져 얼어버리면 물에 비해 얼음의 부피가 크기 때문에 암석을 부서뜨리기도 합니다. 암석의 틈에 식물 뿌리가 파고들어 자라면서 틈이 점점 벌어져 암석이 조각나기도

● 촛대바위(강?? 동해시)

● ??두암(제주)

● 고끼리바위(??도 백령도)

자연이 만들어낸 멋진 작품들

하고요. 또는 암석이 강이나 해안에서 운반되는 과정에서 서로 충돌
하며 닳기도 하고, 바람에 의해 작은 입자들이 암석에 지속적으로 부
딪혀 마모되기도 하지요. 이들은 모두 암석이 조각나 부서지는 기계
적 풍화의 원인입니다.

바람에 의한 침식(버섯바위)

빙하에 의한 침식(마테호른)

　　한편 암석이 물이나 공기 중의 산소를 만나 반응을 일으키면 화학적 풍화가 일어납니다. 예를 들어 석회암이 물을 만나면 탄산 칼슘 성분이 오랜 시간에 걸쳐 녹으면서 동굴이 형성되기도 하고, 암석 속의 철 성분이 산소와 만나면 산화 철로 변해 붉은색이 됩니다.

　　자연에서 물이나 공기, 식물 등 다양한 요인들과 상호작용하며 풍화를 거친 암석은 비나 바람, 빙하나 흐르는 물, 중력 등에 의해 새로운 곳으로 운반되고, 이 과정에서 추가적으로 침식이라는 과정을 겪게 됩니다. 침식은 풍화된 암석이 제거되는 과정입니다. 파도가 치는 해안가에 놓인 절벽이나 동굴, 아치 모양이나 기둥 형태의 바위들이 대표적인 사례입니다. 파도의 에너지에 의해 상대적으로 약한 부분이 떨어져 나간 결과로 나타나는 지형들이죠.

　　사막에서 볼 수 있는 버섯바위 역시 암석 아랫부분이 바람에 의해 침식되어 나타나는 모습입니다. 사막은 식생이나 구조물이 별로 없고 입자가 고와서 바람의 영향을 받기 쉽습니다. 산악 빙하가 있는 지역에서는 빙하의 움직임에 의해서도 침식이 일어납니다. 빙하는 하천이나 계곡 등의 흐르는 물에 비해 에너지가 더 크므로 그 주변을 더 크게 긁어 내리며 움직이면서 U자 형태의 계곡을 만듭니다. 산 정상에서 여러 방향으로 빙하가 떨어져 나온 경우에는 매우 뾰족한 산봉우리를 만들기도 합니다. 스위스 알프스산맥의 대표로 꼽히는 마테호른도 빙하의 침식 작용으로 형성된 것이지요.

침식은 때로 산사태와 같은 재해 현상을 일으킵니다. 산사태는 한마디로 경사진 땅을 이루는 물질들이 무너져 아래로 흘러내리는 현상입니다. 기울기가 커서 표면에 놓인 물질들이 불안정한 상태가 되고 빗물에 의해 마찰력이 줄어들 때 잘 일어납니다. 자연에서 어떠한 물질이 안정적으로 쌓일 수 있는 최대의 경사각을 안식각이라고 하는데, 어떤 원인으로 안식각을 넘어서면 무너지는 것이죠.

예를 들어 건조한 모래에 비하면 적절히 수분이 있는 모래의 안식각이 더 커서 더미를 쌓기 더 좋습니다. 하지만 물기가 너무 많아지면 다시 안식각이 작아지기 때문에 위로 잘 쌓이지 않고 흐물대며 금세 무너지고 맙니다. 산사태를 일으키는 요인 중 하나가 바로 과도한 양의 물입니다. 그래서 주로 폭우가 내린 이후에 예기치 못한 산사태가 일어나곤 하는 것이지요.

비탈진 땅의 경사도나 암석의 종류, 식생도 산사태에 영향을 미칩니다. 당연하게도 경사가 급한 곳이 완만한 곳보다 위험도가 높겠죠. 사면과 평행하게 놓인 퇴적암층이 단단한 화강암이나 현무암으로

산사태

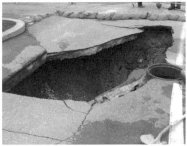
땅꺼짐

이루어진 지반보다 상대적으로 산사태 발생 비율이 높고요. 그런데 도로를 놓기 위해 비탈의 중간 부분을 절단하면, 그 위쪽 사면은 절벽처럼 경사도가 커지므로 하중을 견딜 수 있는 별도의 조치가 없다면 산사태가 일어날 확률이 매우 높아집니다. 그래서 보통 콘크리트로 벽을 세우거나 그물망을 치는 방식으로 보완하고 있습니다. 물론 공사를 진행하기 전에 해당 지역의 암석이 안정적인지를 미리 확인하는 것이 가장 중요하겠지요.

나무나 잡초 같은 식물이 있으면 산사태로부터 더 안전합니다. 경관이 좋은 산 중턱에 건물을 짓거나, 수목을 판매하기 위해 벌목을 하거나, 산불로 숲이 파괴되어 식물이 사라진 산에서는 산사태가 더욱 빈번하게 일어납니다. 나무가 우거져 있으면 산사태로 인해 물질들이 낙하하는 것을 방해하는 장애물 역할을 하기도 하고, 땅에 뿌리가 내려 단단하게 흙을 고정하는 역할도 합니다. 땅속의 물을 흡수하기도 하므로 토양 속 수분이 과도해지는 것도 막아주지요.

그런데 산사태처럼 경사진 비탈만 무너져 내리는 것이 아닙니다. 최근에 특히 자주 보도되는 땅꺼짐(싱크홀) 현상은 도심 평지 한복판에서 일어나기도 합니다. 편평해서 경사도 없고 아스팔트로 단단히 포장된 땅이 갑자기 아래로 푹 꺼지는 현상이 심심치 않게 일어나고 있어요. 지진이 일어난 것도 아닌데 말이죠.

땅꺼짐 현상의 대표적인 원인은 토양에 침투한 물이나 땅 밑에 생긴 공간입니다. 관광 명소로 유명한 이탈리아의 피사의 사탑이 기울어져 있는 이유도 사실은 땅꺼짐 때문이에요. 피사의 사탑이 세워진 장소가 불안정한 해양성 점토층이어서 건축이 시작될 당시부터 탑이 한쪽으로 기울어졌다고 해요. 지금은 여러 차례 보강 공사를 거쳐 현재의 상태에서 안정적으로 서 있도록 조치한 상태인데, 그 신비한 모습의 이면에는 적절하지 않은 땅 위에 세워지는 바람에 땅꺼짐과 고군분투하고 있는 안타까움이 숨어 있는 것이죠.

도심에서 일어나는 땅꺼짐은 지하에 설치된 상하수관의 노후화로 인해 물이 새 나와 일어나는 경우가 많습니다. 땅에 물길이 만들어질 정도로 많은 물이 새면 그 물이 지나는 곳에 틈이 생기고, 물을 과도하게 머금은 흙은 입자 사이의 인력이 약해져 강도가 떨어지므로 땅(지반)이 약해집니다.

지하수를 쓰는 지역에서는 지하수를 뽑아내는 속도가 보충되는 속도에 비해 훨씬 빨라서, 지하수가 모여 있는 대수층이 비는 경우 땅이 무너지기도 합니다. 대수층에 물이 담겨 있을 때는 그 위에 놓인 퇴적물을 수압으로 지탱할 수 있지만, 지하수가 사라지면 무게를 버티지 못하고 무너지는 것이죠.

산사태와 땅꺼짐 현상을 일으키는 공통적인 원인은 과도한 물입니다. 인간 활동이 대기 중 이산화 탄소 농도를 높이고, 이것이 지구 온난화를 일으키고, 그로 인해 통상적인 범위를 넘어서는 기록적인 폭우가 잦아집니다. 폭우는 그 자체로도 재해가 되지만 과도하게 땅에 스며들어서 산사태를 유발하고, 도시에서는 인간이 설치한 하수관으로도 버티지 못해 길 한복판이 푹 꺼지기도 하는 것이죠.

지구 내의 모든 것이 시스템으로 연결되어 있으니 재해마저 이렇게 맞물려 일어나기도 합니다. 무엇이든 과하면 문제가 생깁니다. 적당한 바람과 물은 신비롭고 아름다운 지형을 만들기도 하지만, 적정 수준을 넘으면 산을 무너뜨리거나 땅을 꺼지게 합니다. 자연(自然)이라는 말의 속뜻을 하나하나 짚어보면, 스스로(自) 그러하다(然)는 뜻입니다. 지구가 감당할 수 있고 인위적인 개입 없이 스스로 그러한 모습을 유지해야 자연인 것이죠.

산사태나 땅꺼짐 역시 자연적으로 발생하기도 하지만, 인위적인 요인으로 인해 그 규모와 횟수가 대폭 늘어나고 발생 시기를 예측하기도 어려워집니다. 바로 이럴 때 자연적이던 현상이 과도한 수준의 재해로 바뀌는 것입니다. '스스로 그러한' 자연을 본받아 우리도 지구와 생명들이 '있는 그대로' 존재하도록 노력해야겠습니다.

# 사라지는 숲,
# 넓어지는 사막

저명한 과학 저술가인 칼 세이건은 '이 드넓은 우주에 우리만 산다면 그것은 엄청난 공간의 낭비'라는 명언을 남겼습니다. 이 말은 주로 외계생명체에 대한 암시와 기대를 담은 의미로 인용되곤 하지만, 역설적으로 수많은 생명체가 살아가고 있는 지구의 대단함을 느끼게 하기도 합니다. 우주에서 보면 그저 보잘것없는 창백한 푸른 점(the pale blue dot)일 뿐이지만 말이죠.

지구에 수많은 생명체가 살아갈 수 있는 이유는 극지, 숲, 사막, 바다, 산악 등 다양한 서식 환경이 존재하기 때문입니다. 각 환경에 맞게 생태계가 구성되어 각자의 지위를 누리며 공존하고 있지요.

특히 열대우림을 비롯한 숲은 생물 다양성이 매우 높은 환경입니다. 열대우림은 햇빛이 강하고 비가 충분히 내리는 환경으로 인해 식물이 자라기에 유리한 조건이며, 풍부한 식물을 기반으로 다양한 동물도 매우 많이 서식하고 있습니다. 가장 큰 열대우림인 아마존에서만 3백만 종 이상의 생물들이 살아가고 있다고 해요. 심지어 매년 새로운 생물이 계속해서 발견되고 있어 그 다양성을 수치화하는 것조차

창백한 푸른 점

어려울 정도입니다.

아마존 열대우림은 우리나라의 70배나 될 정도로 넓습니다. 하지만 최근 면적이 점차 줄어들고 있어요. 2020년~2021년에는 단 1년만에 아마존 열대우림의 0.24%가 사라졌고, 이미 그동안 인간 활동으로 훼손된 숲의 면적이 약 17%나 된다고 합니다. 농업을 위해 땅을 개간하고, 광산을 개발하고, 도로를 건설하기 위해 나무를 베어내고,

벌목한 목재를 팔기 위해 옮기면서 무차별적으로 숲을 훼손하는 등 그동안 세밀한 관리 없이 마구잡이로 자행된 여러 불법 행위가 숲을 파괴해 온 것입니다.

게다가 기후 변화의 영향으로 1980년대 이후 아마존의 평균 기온이 최대 2°C 상승했고, 극심한 가뭄도 갈수록 늘고 있어서 삼림이 계속 파괴되는 양상을 보이고 있습니다. 만약 숲의 20~25%가 파괴되는 수준에 이른다면 더 이상 회복하지 못하고 열대우림이 초원으로 변할 것이라 예측하고 있습니다.

물론 아마존 지역에 사는 사람들도 산업 및 경제 활동은 필요하겠지만, 무분별하게 숲을 훼손하는 대신 지속 가능한 방식으로 상생하는 방안을 모색해야 하겠지요. 예를 들면 나무를 베어내지 않고도 수확할 수 있는 고무나 과일 등을 주요 생산물로 삼거나, 숲을 잘 지키면서 경제 활동을 할 수 있는 생태관광을 주요 산업으로 발굴하거나, 무차별적인 대량 벌목 대신 숲의 일정 부분을 교대하며 벌목하고 벌목한 자리에 새로운 나무를 심어 보존하는 등 지속 가능한 산업의 방식은 다양합니다.

지구상에서 탄소 저장고이자 생물 다양성의 보고로서 대체 불가능한 역할을 하는 열대우림이 되돌릴 수 없는 파괴와 변화를 맞기 이전에 여러 노력이 더욱 활성화되어야 할 것입니다.

아마존과 반대로 지구에서 점점 넓어지는 환경도 있습니다. 바로 사막입니다. 적도 부근의 덥고 습한 공기가 상승하면서 해당 지역에

브라질 론도니아 지방의 숲 파괴 모습

출처: NASA

비를 뿌린 뒤, 다시 건조해진 공기는 상층에서 북쪽과 남쪽으로 이동하다가 위도 30° 쯤에서 다시 지표로 가라앉습니다. 상층에서 차가워졌던 공기는 하강하면서 압축되어 다시 온도가 올라가고, 이때 수분을 더 많이 머금을 수 있는 상태가 되죠. 이로 인해 지면의 수증기가 잘 증발되어 땅은 건조해지고 사막이 됩니다.

지구에서 가장 큰 사막인 사하라 사막도 북위 30° 부근에 위치하죠. 사막은 매우 건조해서 생명이 살아가기에는 어려운 환경입니다. 하지만 사하라 사막 남쪽에 인접한 사헬 지역만 해도 반건조 기후이기 때문에 식물들이 자라고 가축을 키우는 것이 가능합니다. 하지만 최근에는 기후 변화로 인해 사헬 지역의 평균 기온이 크게 상승하고 강수량이 줄어들면서 이곳 역시 북쪽에서부터 사막화가 진행되고 있습니다.

사막에 인접한 사헬 북쪽 지역은 주로 목초지가 형성되어 있어 가축을 기르는 유목민들이 생활하는 곳입니다. 그리고 사헬 남쪽은

농경지가 있어 농민들이 농사를 지으며 살아가고요. 사하라 사막이 남쪽으로 점차 넓어지면서 사헬의 목초지가 사라지면 유목민들은 계속 남쪽으로 생활 반경을 옮길 수밖에 없고, 이 과정에서 농민들과 갈등을 일으킬 가능성이 높습니다. 현재 전 세계에서 약 20억 명이 사막화에 취약한 상태에 놓여 있다고 하는데, 한정된 땅과 자원을 놓고 경쟁하거나 전쟁까지도 일어나는 상황의 뒤에는 사막화가 있습니다. 그리고 또 그 이면에는 기후 변화가 숨어 있는 것이죠.

지구의 지형과 환경이 변화하는 것은 생물 다양성의 변화와도 관련이 깊습니다. 생물 다양성이 큰 지역은 점차 사라지고, 생물 다양성이 작은 지역은 점차 넓어지니 말입니다. 생물 다양성(biodiversity)이란 지구에 살아가는 여러 생물종뿐 아니라 생물이 가지고 있는 유전자, 생물들이 서식하는 환경과 생물 간의 상호작용으로 이루어지는 생태계의 다양성 그 자체를 총칭하는 용어입니다.

생물 다양성은 각자의 생명이 가지는 본질적인 가치 측면에서도 중요하지만, 지구 생명 전체의 측면에서 보면 생물의 다양성이 높을수록 변화하는 환경에 잘 적응할 수 있는 개체가 존재할 가능성을 높여주는 것이므로 결국엔 생존과 깊은 관련이 있습니다.

이를 보여주는 대표적인 사례가 바로 바나나입니다. 야생에서는 다양성이 큰 동식물이라도 인간이 가축이나 작물로 삼아 통제하다 보면 다양성이 제한되고 인간에게 필요한 특정 종, 특정 유전자만 재배 혹은 사육됩니다. 바나나 역시 마찬가지입니다. 야생 바나나보다 더

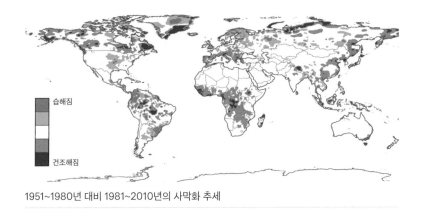

1951~1980년 대비 1981~2010년의 사막화 추세

달고 씨가 없도록 특정 품종을 개량해서 집중적으로 재배하고 있죠.

과거에는 그로미셸이라는 바나나 품종 하나를 일괄적으로 재배했는데, 파나마병이 번져 모두 멸종하고 말았습니다. 이후 다시 파나마병에 강한 캐번디시 품종을 발견해 현재까지 작물 바나나로 재배하고 있습니다. 하지만 이 품종 역시 최근에 병충해 위기를 맞은 적이 있고, 바나나의 멸종을 걱정하는 뉴스들이 쏟아지기도 했습니다. 다양성이 없으면 이렇듯 특정 질병이나 급격한 환경 변화에 매우 취약하므로 불안할 수밖에 없습니다.

이는 비단 바나나에만 국한되는 이야기가 아닙니다. 현재 지구에 살아가는 수많은 생명이 점차 멸종 위기를 겪고, 실제로 멸종되기도 하면서 생물 다양성이 줄어들고 있습니다. 세계자연보전연맹(IUCN)에서 확인한 생물은 총 163,040종인데, 이 중 4분의 1 이상인 45,321종이 멸종 위기에 처해 있다고 합니다. 생물 다양성 감소는 앞으로 심

생물다양성협약 로고

2024 생물다양성의 날(매년 5월22일) 로고

각해질 문제가 아니라 이미 심각한 문제입니다.

위기를 인식한 국제사회에서는 생물다양성협약(CBD)을 통해 생물 다양성 감소의 원인으로 꼽히는 기후 변화, 밀렵과 남획, 서식지 파괴, 환경 오염, 외래종 침입 등의 여러 요인을 해소하려 노력하고 있습니다. 훼손된 서식지와 생태계를 복원하기 위해 애쓰며, 인류의 삶에 필요한 생물 자원을 지속 가능한 형태로 얻을 수 있는 방안들을 모색하고 있지요.

칼 세이건의 명언을 지구 단위로 생각해 본다면, 다양한 지구 환경에 인간만 살아간다면 이 역시 엄청난 공간 낭비가 아닐까요? 인간 또한 수많은 지구 생명체 중 한 종일 뿐이지만, 환경을 크게 변화시킬 힘을 가진 만큼 생명을 품은 지구를 지키고 다양한 생명들과 공존할 수 있는 지혜도 발휘해 보면 좋겠습니다. 드넓은 우주로 미지의 외계 생명체를 찾아 나서는 도전에 많은 사람이 응원과 관심을 보이듯이, 이미 존재하는 지구의 다양한 생명들을 지키려는 노력과 실천에도 큰 지지와 참여가 이어지길 바라봅니다.

# 꼭 필요하지만 아무도 원하지 않는 것

현대 사회에서 폐기물 처리는 피할 수 없는 과제입니다. 따라서 폐기물 처리 시설은 필수적인 사회 기반 시설이지만, 동시에 '혐오 시설'로 인식되어 설치 장소를 결정하는 데 항상 어려움을 겪습니다. 만약 우리 동네에 폐기물 처리장을 설치한다면 여러분은 어떤 의견을 낼 건가요? 공익과 환경에 이바지하고 주변의 피해를 최소화할 수 있는 첨단 기술을 갖춘 시설이라도 지역 오염과 주민 건강, 미관과 경제적 손실 문제는 피할 수 없겠죠. 합리적인 해결 방안을 생각해 보세요.

내 생각은···

# 4장

# 우주

## 지구 바깥도 변하고 있어요

# 우주에도
# 쓰레기가?

지구 주위를 도는 것에는 무엇이 있을까요? 가장 먼저 떠오르는 것은 지구의 유일한 위성인 달입니다. 달은 지구로부터 38만 km 떨어져 있으며, 지름이 3,475km로 지구의 약 1/4에 해당합니다. 달 표면에서의 중력은 지구의 1/6 정도입니다. 1969년 인류 최초로 달에 착륙한 우주인의 걸음걸이가 지구와는 다르게 어기적거리는 듯이 보이는 이유도 바로 지구보다 작은 중력 때문입니다.

달의 중력이 워낙 약하다 보니 달에는 대기가 없습니다. 표면에 기체를 잡아둘 만큼의 힘이 없는 것이죠. 그래서 달에는 대기로 인한 풍화나 침식도 없기 때문에 우주를 떠다니던 소천체들과 충돌해서 생긴 구덩이인 크레이터(crater)

달의 모습

출처: NASA

가 그대로 남아 있습니다. 인류가 착륙할 때 남긴 발자국 역시 오래도록 남아 있을 테지요.

우리가 지구에서 달을 관측할 때는 항상 같은 면만 볼 수 있습니다. 달의 자전 주기와 공전 주기가 27.3일로 같기 때문입니다. 늘 똑같이 보이는 달 표면은 어두운 부분과 밝은 부분이 있는데, 우리나라에서는 그 무늬를 마치 절구를 찧는 토끼로 비유합니다. 같은 무늬를 보고 문화에 따라서는 게와 같다고도 하고, 여성의 옆모습과 닮았다고도 해요. 이 어두운 부분을 '달의 바다'라고 부릅니다. 이름은 바다지만 사실은 달 내부에서 마그마가 분출되어 현무암과 같은 성분으로 덮여 있는 곳입니다.

달의 탄생 역시 소천체의 충돌과 관련이 있습니다. 태양계가 만들어지던 초기에 화성만 한 크기의 소천체인 테이아(Theia)가 지구와 충돌하면서 암석 잔해들이 분출되었고, 이 중 일부가 지구 중력의 영향을 받아 지구 둘레 궤도에 편입된 뒤 하나로 뭉쳐져 달이 만들어졌습니다. 이 가설이 달의 탄생설 중 가장 유력합니다.

지구 주변을 도는 달이 있기 때문에 바다에서는 매일 각각 두 번씩 밀물과 썰물이 일어나고, 지구의 자전축은 안정적이며 자전 속도는 점점 느려집니다. 달이 주기적으로 그 모습을 바꾸는 현상을 바탕으로 음력 개념이 생겼고, 새끼 거북은 파도에 반사되는 달빛을 따라 바다로 나아가고, 올빼미는 달빛에 의존해 어두운 밤에도 먹이를 찾을 수 있지요. 이렇게 40억 년이 넘는 오랜 시간을 함께하고 있는 지구와 달은 서로 크고 작은 영향을 주고받으며 공존하고 있습니다.

그런데 사실은 달 외에도 지구 주위를 도는 것들이 매우 많습니다. 우주에서 자연적으로 형성된 천체가 아니라 인류가 지구에서 만들어 우주로 내보낸 인공물들이죠. 대표적인 것이 바로 인공위성입니다. 유럽우주국(ESA)의 자료에 따르면, 1957년 최초의 인공위성인 스푸트니크 1호가 발사된 이래 지금까지 약 1만 9천 대가 넘는 인공위성이 우주로 내보내졌고, 그중 아직 우주에 남아 있는 것만 1만 3천여 대에 달한다고 알려져 있어요. 이렇게 많은 인공위성을 쏘아 올린 이유는 우주에서 지구의 기상과 지형 등을 관측하거나 방송 통신, GPS 등에 활용하고 우주를 관측 및 탐사하기 위해서입니다.

인공위성은 궤도의 높이에 따라 크게 세 종류로 나눌 수 있습니다. 주로 500~1,500km 상공에 있는 위성을 저궤도 위성이라고 합니다. 대표적으로 국제우주정거장(ISS)이 있습니다. 인공위성 중 저궤도 위성의 수가 가장 많은데, 지구에서 가깝기 때문에 지상과의 교신 시간을 줄일 수 있어 고속 통신 및 상세한 지상 관측에 유리합니다.

고도 5,000~20,000km 사이의 중궤도에는 주로 사용자의 위치를 확인하는 GPS 위성들이 자리하고 있습니다. 약 36,000km 높이에 있는 정지궤도 위성은 지구의 자전 주기와 똑같이 공전하기 때문에 마치 고정된 위치에 위성이 놓인 것처럼 보입니다. 특정 지역을 지속적으로 관측하는 위성이나 방송통신용 위성이 주로 이 높이에 발사됩니다.

왼쪽부터 우리별 1호, 과학기술위성 1호, 우리별 3호

2023년 누리호 발사 모습

출처: 한국항공우주연구원

우리나라는 1992년 우리나라 최초의 인공위성인 우리별 1호를 발사했습니다. 우리별 1호는 약 1,300km 고도에서 110분마다 지구를 한 바퀴 돌며 관측 및 교신 기능을 수행한 저궤도 위성입니다. 2010년에는 국내 최초의 정지궤도 위성인 천리안 1호를 개발 및 발사해 한반도 주변 기상과 해양 관측 임무를 맡겼습니다.

이후로도 연구와 도전을 계속하며 현재까지 30여 개의 인공위성을 발사했고 우리나라 자체 기술로도 인공위성을 개발하고 있습니다. 2009년에는 나로우주센터가 건설되었고, 2023년에는 한국형 발사체인 누리호가 성공적으로 발사되면서 독자적으로 인공위성을 만들어 우주로 쏘아 올릴 수 있는 7번째 국가가 되었습니다.

우리나라를 비롯한 여러 국가가 개발 및 발사한 인공위성들이 현재 지구 주변에 수없이 떠 있지만, 사실 인공위성을 지구 밖으로 내보내는 것은 결코 쉬운 일이 아닙니다. 지구의 중력을 극복하고 지구로부터 벗어나는 과정만 놓고 봐도 상당히 고도화된 계산과 기술이 있어야 가능하지요.

질량이 있는 모든 물체 사이에는 서로 잡아당기는 힘이 작용합니다. 지구와 인공위성 사이도 마찬가지입니다. 그러나 지구에 비해 인공위성의 질량은 너무도 작기 때문에 거의 지구의 중력만 작용하는 것처럼 보입니다. 그런데 인공위성은 지구 주변의 궤도를 따라 회전하면서 원 운동을 하는 상태이므로 원의 중심과 반대 방향으로 작용하는 힘인 원심력이 발생합니다. 따라서 지구가 인공위성을 잡아당기는 중력과 인공위성이 지구 중심의 반대 방향으로 나가려는 원심력이 서로 평형을 이루어야 인공위성이 일정한 궤도를 그리며 지구 주변을 돌 수 있는 것입니다.

그러려면 탈출 속도가 대략 초속 7.9~11.2km여야 합니다. 인공위성을 실은 로켓 속도가 초속 7.9km보다 낮다면 다시 지구로 끌려 들어와 추락할 것이고, 초속 11.2km보다 빠른 속도로 비행한다면 지구를 공전하는 궤도 밖으로 나가버립니다. 게다가 자전하는 지구 표면에서 로켓을 발사하기 때문에 발사대의 위도에 따른 자전 속도의 영향까지 고려해 발사 속도를 계산해야 하죠.

이 밖에도 로켓이 발사된 뒤에 차례대로 1단, 2단 분리되며 최종적으로 탑재된 인공위성들만 궤도에 안착시키는 모든 과정에서 매우 정밀하고 복잡한 기술이 요구됩니다. 최근에는 국가적인 우주 정책과 지원뿐 아니라 민간 영역에서도 로켓과 인공위성 발사에 박차를 가하고 있는 상황입니다.

과학 기술의 발달로 우주를 향하는 인류의 접근이 점차 쉬워질수록 우주로 내보내는 인공물의 양도 많아지고 있습니다. 그리고 이 중 상당수는 우주 쓰레기가 되고 있지요. 수명이 다한 인공위성만 해도 수천 대에 달하고, 우주선이나 인공위성 등에서 떨어져 나온 조각들은 헤아리기 어려울 정도로 많다고 합니다.

유럽우주국(ESA)에서는 지상에서 추적 가능한 10cm 이상의 우주 쓰레기만 약 3만 4천여 개, 1mm보다도 작은 조각들은 무려 1억 2

천 8백만 개나 되는 것으로 추정하고 있어요. 조각 단위의 우주 쓰레기는 비록 크기가 작더라도 매우 빠른 속도로 움직이고 있기 때문에 무언가에 충돌할 경우 상당한 충격과 손상을 입힐 수 있습니다. 또한 저궤도에 있던 우주 쓰레기가 지구 중력에 이끌려 추락하면 지상에도 큰 피해가 일어날 수 있어요.

실제로 2013년에는 러시아의 인공위성 블리츠(BLITS)가 우주 쓰레기 파편에 맞아 궤도를 이탈하는 사고가 있었고, 2021년에는 우리나라에 수명을 다한 미국의 인공위성 ERBS가 추락할 수 있다는 경보 문자가 발령되기도 했습니다.

궤도에 버려진 우주 쓰레기가 서로 충돌하면서 더 많은 파편을 만드는 악순환을 케슬러 증후군(Kessler Syndrome)이라고도 합니다. 특정 궤도에 쌓인 우주 쓰레기들이 임계점을 넘어설 정도로 많아지면 해당 궤도로 새로운 물체가 발사되지 않더라도 연쇄적인 충돌이 계속 일어나면서 우주 쓰레기가 계속 증가한다는 것입니다.

그런데 지금 약 1,000km 고도의 저궤도에서 우주 쓰레기의 양이 이미 임계점에 도달해 간다고 주장하는 사람도 있습니다. 국제연합 (UN)의 외기권평화이용위원회(COPUOS)에서는 인공위성의 수명이 다한 지 25년 이내에 궤도로부터 본체와 잔해를 제거하도록 권고하고 있습니다.

그래서 최근의 우주 개발 관련 연구에는 우주 쓰레기의 위험을 줄이는 아이디어들도 함께 고안 및 적용되고 있습니다. 미사일을 발

지구 주변을 돌고 있는 궤도 잔해물들

출처: NASA

사해서 수명을 다한 인공위성을 파괴하려는 시도도 있었는데, 이는 또 다른 파편들을 만들어 우주 쓰레기의 총량 자체를 줄이지 못한다는 한계가 있었습니다.

최근에는 우주 쓰레기를 처리하는 청소용 인공위성을 쏘아 올리는 아이디어들이 제안되기도 했습니다. 예를 들면 인공위성에 작살 또는 그물을 달거나, 강력한 자석을 이용해서 우주 쓰레기들을 낚아 궤도 밖으로 빼내거나 지구 대기권으로 되돌려 보내 대기와의 마찰을 일으켜 태워버리는 것이지요.

그러나 이런 방법들은 이미 배출된 우주 쓰레기를 처리하는 사후적인 대책들입니다. 따라서 본질적으로는 인공위성의 대수를 제한하거나 수명을 연장해서 우주 쓰레기의 배출 자체를 줄일 수 있도록 관리하는 것이 중요합니다.

좀 더 포괄적인 관점에서는 인간의 활동 반경이 지구에서부터 우주로 확장해 나가고 있는 만큼 우주에 대한 인류의 책임감도 요구됩니다. 이에 따라 우주 탐사와 개발에서도 지속 가능성의 가치를 적용 및 실현하고자 하는 움직임이 있습니다. 국제연합에서 공표한 17가지 지속 가능 발전 목표(SDGs)를 위해 전 지구적인 위성 항법 시스템

(GNSS)과 지구 관측 연구, 우주로부터 얻는 자원과 정보를 활용할 수 있게 한다는 것입니다.

SPACE4SDGS
지속 가능성을 위한 우주

더불어 현세대의 요구를 충족하면서도 미래 세대의 필요를 해치지 않는다는 지속 가능성의 개념을 우주와 우주 활동 자체에도 적용하려고 합니다. 우주 기술 개발을 촉진하는 동시에 우주 쓰레기 경감, 우주 공간과 자원의 평화적 이용 등 우주 환경을 보존하기 위한 노력들이 포함됩니다.

1969년 인류가 최초로 지구의 자연 위성인 달에 발걸음을 내디디며 남긴 명언이 있습니다. "한 인간에게는 작은 걸음이지만, 인류에게는 거대한 도약이다.(That's one small step for man, one giant leap for mankind.)"라는 말이지요. 현재 인류는 이러한 도약을 발판으로 민간 우주 여행을 할 수 있을 만큼 명실상부한 우주 시대를 열고 있습니다. 산업 발달과 편리한 생활 이면에 기후 위기를 겪고 있는 지구의 상황으로부터 얻은 교훈을 바탕으로, 우주에서만큼은 부디 현명하게 지속 가능성을 이어 나가길 바라봅니다.

# 우리를 지켜주는
# 자기장

밤하늘을 뒤덮는 신비로운 빛의 커튼. 오로라(aurora)를 묘사하는 대표적인 표현입니다. 아마 많은 사람의 마음속에 오로라를 직접 보러 가는 여행이 버킷리스트로 들어 있을 거예요. 그런데 2024년 5월에 우리나라에서도 오로라가 관측되었습니다. 아주 강력한 태양폭풍이 지구에 불어닥치자 평소에는 오로라를 관측하기 어려운 지역에서도 오로라를 볼 수 있었던 것이지요.

오로라란 태양에서 방출된 전기를 띤 입자들이 지구를 둘러싼 자기장을 따라 자기력선이 모여 있는 극지방으로 들어왔을 때, 상층 대기에 존재하는 입자들과 충돌하면서 빛을 내는 현상을 말합니다. 태양에서 오는 높은 에너지의 입자가 충돌하면서 대기 중 원자를 들뜬 상태로 만들고, 들뜬 상태의 원자는 다시 안정화되기 위해 특정 파장의 에너지를 방출하며 바닥 상태로 돌아갑니다. 이 현상이 우리 눈에는 여러 색깔의 빛으로 보이는 것이죠.

오로라는 상호작용하는 입자의 종류와 방출되는 파장에 따라 그 색이 달라집니다. 가장 흔하게 발생하는 것이 100~300km 고도에 있

오로라

는 산소 원자가 내뿜는 초록빛 오로라입니다. 300~400km 정도의 더 높은 고도에 있는 산소는 붉은빛 오로라를 만들고, 100km보다 낮은 고도에 있는 질소는 보랏빛 또는 푸른빛의 오로라를 형성합니다.

　태양은 늘 여러 입자를 내보내고 있지만, 특히 태양폭풍이나 코로나 질량 방출(CME)이 나타날 때 평소보다 훨씬 더 많은 입자가 매우 빠른 속도로 방출됩니다. 2024년에 우리나라에서까지 오로라가 관측된 것도 바로 강력한 태양폭풍이 일어났기 때문이죠.

　태양폭풍이 불어올 때는 매우 높은 에너지를 가진 입자들이 지구로 들어오지만, 지구의 자기장이 이를 막아주는 역할을 합니다. 태양을 바라보는 쪽의 지구 자기장은 지구 반지름의 약 10배 거리까지 두

껍게 형성되어 있는데, 태양폭풍으로 불어온 입자들은 지구 자기장에 붙잡힙니다. 붙잡힌 입자들은 지구를 중심으로 마치 도넛과 같은 형태로 분포하고 있지요. 이를 밴 앨런대(Van Allen Belt)라고 부릅니다.

이곳에 있는 입자들은 에너지가 매우 크기 때문에 마치 방사선에 노출되는 것처럼 위험성이 매우 큽니다. 특히 강력한 태양폭풍이 발생할 때는 지구 자기장 내 입자의 밀도와 에너지가 평소보다 증가하므로 자기장 교란이 일어나고 강한 전파와 전류가 발생해요. 이로 인해 인공위성의 운행과 무선 통신 시스템에 문제가 발생하기도 하고, 지상에 있는 송전선에 유도 전류가 발생해서 전력 공급에 차질이 생기기도 합니다. 국제우주정거장에 머물던 우주인이나 극지방 항로를 지나는 비행기 승무원과 승객들이 고에너지의 입자에 노출되면 건강과 안전에 위협을 받을 수도 있고요.

그래서 태양풍을 감시하며 태양폭풍에 대비하고 피해를 최소화하기 위해 우주 날씨를 관측 및 연구하고 있습니다. 우리나라에서는 한국천문연구원 한국우주환경연구센터, 국립전파연구원 우주전파센터, 기상청 국가기상위성센터에서 우주 날씨를 모니터링하고 관련 연구들을 진행하고 있지요. 우리의 일상이 우주와 더 가까워질 미래에는 뉴스에서 우주 날씨 예보 코너를 만나볼 수 있을지도 모르겠네요.

태양폭풍으로부터 지구를 지켜주는 것도, 아름다운 오로라가 펼쳐지는 것도 모두 지구 자기장 덕분입니다. 자기장은 눈에 직접 보이지는 않지만 나침반으로 쉽게 확인할 수 있죠. 나침반의 N극 바늘이

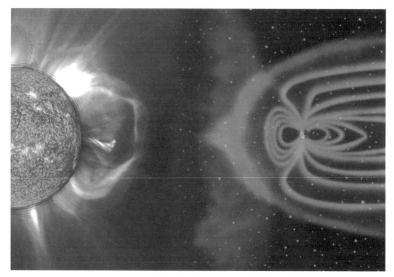

태양폭풍과 그를 막아주는 지구 자기장

출처: NASA

가리키는 북쪽은 그곳에 자기의 S극이 있다는 뜻입니다. 자석은 서로 다른 극끼리 잡아당기는 성질이 있으니까요. 따라서 지구의 경우에는 남반구에 형성된 N극으로부터 북반구의 S극 쪽으로 자기력선이 형성됩니다.

이때 자기력이 집중되는 지점을 자극(magnetic pole)이라고 합니다. 자극은 우리가 통상 북극과 남극이라고 부르는 지리적 극과는 약간 위치 차이가 있습니다. 지구의 자전축에 대해 약 $11.5°$ 기울어져 있지요. 현재 자기장을 기준으로 한 북극은 캐나다 북쪽에 있으며, 지리적 북극과는 약 800km 정도 떨어져 있습니다. 그런데 그 위치가 계속 변하고 있어서 자기 북극의 경우 매년 북서쪽으로 55km씩 이동하고

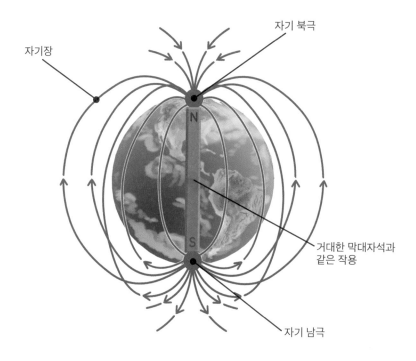

자기장

자기 북극

N

S

거대한 막대자석과
같은 작용

자기 남극

지구 자기장의 구조

출처: NASA

있다고 해요.

　지구 자기장이 달라지는 이유는 자기장이 형성되는 원인 때문입니다. 지구 내부의 외핵은 액체 상태이므로 대류 현상이 일어나고, 그로 인해 발생하는 전류가 자기장을 형성한다고 알려져 있습니다. 이를 다이나모 이론(dynamo theory)이라고 합니다.

　지구 외핵에는 전기전도도가 크고 저항은 작은 철, 니켈, 코발트가 용융된 상태로 존재합니다. 이들은 지구 자전에 따라 회전하고, 고체인 맨틀 및 내핵과의 경계부에서 온도 차에 의한 대류가 일어나므로 끊임없이 움직입니다. 즉 외핵에서의 이러한 움직임이 결과적으로 지구 자기장을 만들어낸 것입니다. 그리고 이들의 유연성 때문에 지구 자기장이 계속해서 변하고 있는 것이죠.

최근 우리나라에서도 오로라가 관측되어 많은 사람이 신기해했지만, 고려 시대나 조선 시대의 역사 기록을 보면 지금보다 오로라가 더 자주 나타난 것으로 보입니다. 과거에는 자기 북극이 현재보다 더 한반도에 가까이 있었기 때문이라고 해석할 수 있어요. 이처럼 변화하는 지구 자기장에 대한 기록은 암석 속에도 남아 있습니다. 따라서 우리는 역사 시대보다 훨씬 먼 과거의 지구 자기장도 연구할 수 있지요.

이처럼 과거의 자기장을 연구하는 학문을 고지자기학(paleomagnetism)이라고 합니다. 고지자기학 연구로 지질시대에는 평균 20만 년을 주기로 자기장이 역전된 적이 있었다는 사실도 알아내고, 대륙이동설과 해저확장설의 근거를 찾아내기도 했지요. 자기장이 역전되는 과정에서는 자기장이 약화되기도 합니다. 이때 태양풍과 강한 에너지를 가진 우주선(cosmic ray)이 지구에 더 쉽게 유입되므로 생명체에 위협이 될 수 있습니다. 그런데 최근 자기 북극의 이동 속도가 빨라지고 지구 자기장이 약해진다는 연구 자료들이 보고되고 있어 경각심이 커지고 있기도 합니다.

태양계 행성 중 지구에만 유일하게 다양한 생명체가 살고 있습니다. 이는 여러 조건이 맞물려 일어난 기적 같은 일입니다. 그중에서도 지구 자기장의 존재는 생명 탄생에 가장 결정적인 역할을 한 조건입니다. 생명과 안전을 위협하는 우주의 고에너지 물질로부터 지구를 지켜주기 때문이죠. 인류가 이룩한 전자기 기반의 현대 문명들은 물론이고, 지구 자기장을 감지해서 방향을 찾아 이동하는 여러 동물은 지구 자기장이 교란되거나 사라지면 정상적인 활동이 불가능해질 거예요. 그만큼 수많은 지구 생명체가 지구 자기장의 보호를 받으면서 그에 적응하고 활용하며 지내왔다는 뜻입니다.

물, 흙, 공기 등 많은 것을 아낌없이 내어줄 뿐 아니라, 자기장을 통해 우주로부터의 위험까지도 막아주는 지구에게 늘 고마운 마음을 느껴야 할 듯합니다. 그리고 보면 지구의 내부에서부터 지구를 둘러싼 자기장에 이르기까지 지구를 구성하는 전부가 모든 생명이 살아가기 위한 필수 조건이라는 점을 새삼 깨닫게 되네요. 이 정도면 우리가 지구를 위해 무언가 해줘야 할 확실한 명분이 되지 않을까요?

# 반짝이는 별을
# 보고 싶어요

"반짝반짝 작은 별, 아름답게 비추네." 어렸을 때 참 많이 불렀던 동요의 첫 소절이에요. 혹시 여러분도 이 동요를 알고 있나요? 동요에서는 별빛의 아름다움을 노래하지만, 사실 반짝이는 별빛은 지구의 대기 때문이랍니다.

먼 우주로부터 별빛이 지구에 도달하면 대기권을 통과하는데, 이 때 밀도가 서로 다른 대기층을 지날 때가 있습니다. 밀도에 따라 빛의 굴절 정도가 바뀌면서 별의 겉보기 위치가 함께 달라지므로 별이 반짝이는 것으로 보이는 것이죠. 대기가 불안정해서 흔들릴 때도 별빛이 아른거리며 반짝입니다.

최근 여러분이 사는 동네에서 밤하늘에 반짝이는 별을 본 기억이 있나요? 사실 요즘에는 도시에서 밤하늘의 별 찾기가 말 그대로 하늘의 별 따기만큼이나 어려워졌어요. 지상의 불빛으로 가득한 곳에서 캄캄한 어둠이 가득한 밤하늘을 만나기도 어렵고요. 지구에 우리가 지켜야 할 것이 참 많은데, 이제는 까만 밤하늘도 지켜야 할 대상이 되고 있습니다.

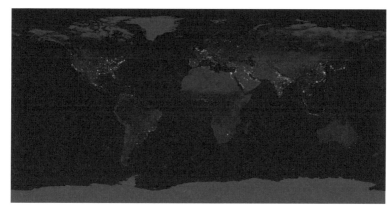

밤에 본 지구

밤에 본 한반도

우주에서 내려다본 밤 시간대의 지구는 사람이 모여 사는 곳이 무척 환하게 빛나고 있습니다. 지구가 자체적으로 빛을 낼 수 없는 행성임에도 불구하고 우주에서 이렇게 빛나 보일 수 있는 이유는 바로 인공 조명들 덕분입니다.

　아프리카 대륙은 대부분 어둡지만 나일강을 따라 밝은 빛줄기가 형성되어 있고, 한반도도 북한 쪽은 어두컴컴한 반면 우리나라 지역은 마치 온통 반짝이는 섬처럼 보입니다. 유럽과 북미 대륙에는 대도시들이 밝은 점을 만들고, 그 사이를 잇는 도로가 점 잇기를 하듯이 빛으로 이어져 있지요.

　이처럼 밤에 지구를 바라보면 해변이나 강줄기를 따라 문명이 발달했고, 몇몇 대도시에 사람이 밀집해 살고 있으며, 도시 간 교통이 긴밀하게 연결되어 빠르게 이동할 수 있다는 사실을 한눈에 알 수 있습니다. 밤에 조명을 환히 밝힐 수 있을 정도의 인프라와 경제력이 있는 국가들이 어디인지도 바로 보이고요.

　인간이 만들어낸 인공 불빛이 자연의 빛보다 훨씬 더 과도한 상태를 빛공해(light pollution)라고 합니다. 우리가 살아가는 데 꼭 필요한 빛이 오염원으로 작용한다는 게 참 아이러니하지 않나요? 발달한 도시의 야경을 내려다보러 높은 전망대를 찾아가고, 알록달록 화려하고 멋진 조형물을 휘감은 조명으로 가득한 빛 축제에 놀러 가는 등 인공 조명이 펼치는 아름다움에 감탄하기도 하지만, 그 이면에는 인공적인 빛이 자연과 인체에 미치는 악영향들이 숨어 있습니다.

자연의 빛에 적응해 살아왔던 다양한 생물들에게 인공 조명은 간섭과 방해가 됩니다. 예를 들어 낮에 환한 햇빛을 활용해 광합성을 하던 식물은 밤에도 환한 인공 조명을 받아 기존의 생체 리듬이 깨지고, 지나친 광합성으로 성장에도 문제가 생깁니다.

낮에 큰 소리로 울며 짝을 찾는 매미는 어두운 밤이면 잠을 자야 하지만, 도심의 불빛으로 인해 야간에도 계속 맴맴 울곤 하죠. 밤에 이동하던 철새들이 도시의 밝은 불빛에 속아 방향을 잃기도 하고, 낮과 밤의 길이에 따라 계절을 분간하던 감각에 혼동이 와서 제 시기에 이동하지 못하기도 합니다. 이렇듯 야간의 인공 조명은 생물들의 성장과 행동 패턴, 감각, 생식 등 생태 전반에 문제를 일으키지요.

빛공해를 일으키는 인간 역시 피해자가 될 수 있습니다. 과도하게 빛에 노출된 눈은 각종 질환에 취약해지고, 야간 조명에 지속적으로 노출되면 수면 리듬이 깨지거나 우울감, 식이 장애의 위험을 높일 수 있다고 해요. 활성산소를 없애고 수면을 유도하며 면역 체계를 강화하는 멜라토닌 분비에도 영향을 미쳐 건강을 해칠 수도 있고요.

이러한 부작용을 막기 위해 우리나라에서는 '인공 조명에 의한 빛공해 방지법'을 제정해 시행하고 있습니다. 이 법에 따라 야생생물 특별보호구역이나 습지보호지역, 생태 및 경관보전지역 등을 조명환경관리구역으로 지정해서 빛공해로부터 보호하고 있고, 행사나 축제를 개최할 때도 빛 방사 허용 기준을 정해두고 그에 따라 규제하고 있지요.

빛공해는 우리가 밤하늘을 관측하면서 얻을 수 있는 많은 문화적 유산이나 과학적 성과에 방해가 되기도 합니다. 반 고흐의 유명한 미술 작품 중 하나인 〈별이 빛나는 밤〉, 오랜 세월 아이들의 상상력과 재미를 자극하고 있는 별자리 관련 신화들, 반딧불이나 별을 보러 자연의 어둠을 찾아 떠나는 캠핑 등 어두운 밤이 있기에 가능한 것들이 많습니다.

밤하늘을 바라보며 우주의 신비를 탐구하는 천체 관측 역시 마찬가지입니다. 우리가 눈으로 관측할 수 있는 별들만 해도 수천 개에 이릅니다. 별에는 다양한 색과 밝기가 있지요. 우리가 보는 별 대부분은 하얗게 보이지만, 우리나라 겨울철 대표 별자리인 오리온자리의 알파별인 베텔게우스나 여름철 대표 별자리인 전갈자리의 안타레스는 붉은색으로 보입니다.

별빛의 색깔은 별이 방출하는 에너지의 파장에 따라 달라집니다. 그리고 별이 방출하는 에너지는 별의 온도에 따라 달라지고요. 별의 온도가 낮을수록 방출하는 에너지의 파장이 길어서 더 붉게 보입니다. 베텔게우스와 안타레스는 태양보다 훨씬 크지만 표면 온도가 낮아 붉게 보이죠. 그래서 이들은 적색초거성이라는 이름으로 분류됩니다.

눈에 보이는 별의 밝기에 따라 별의 등급을 나누기도 합니다. 이를 겉보기등급이라고 부릅니다. 큰개자리의 시리우스, 목동자리의 아크투르스, 거문고자리의 베가 등이 겉보기등급으로 가장 밝은 1등성에 속하는 별들입니다.

하지만 실제로 매우 높은 에너지를 가지고 있어서 밝은 별이라

큰개자리와 시리우스

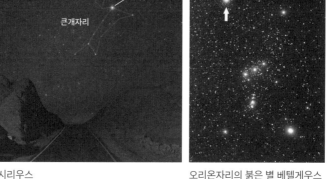

오리온자리의 붉은 별 베텔게우스

출처: NASA

하더라도 지구에서 멀리 떨어져 있다면 우리 눈에는 더 어둡게 보이고, 상대적으로 에너지가 덜 높아도 지구에서 가깝다면 더 밝게 보일 것입니다. 그래서 이 차이를 보완하기 위해 별이 지구로부터 같은 거리에 있다고 가정하고 별의 밝기를 비교하는 절대등급도 있습니다. 겉보기등급으로 가장 밝은 시리우스는 절대등급으로 보면 북극성보다 더 낮은 편에 속합니다.

　일상적으로는 밤하늘에 빛나는 것을 모두 별이라고 통칭하지만, 사실 밤하늘을 보면 별뿐만 아니라 다양한 천체들을 관측할 수 있습니다. 먼저 금성, 화성, 목성, 토성 등 스스로 빛을 내지는 못하지만 태양 빛을 반사해 밝게 보이는 행성들이 있지요.

　새벽에 보이면 샛별, 저녁에 보이면 개밥바라기별이라고 부르는 금성은 대기압이 지구의 90배가 넘지만 대부분 이산화 탄소로 이루어

수성 금성 지구 화성

목성    토성    천왕성  해왕성

태양계 행성들

져 있어 온실 효과가 엄청납니다. 그래서 표면 온도가 475°C까지 올라갑니다. 화성은 표면에 산화철이 많아서 붉게 보이는데, 이 때문에 붉은 피를 연상시키는 전쟁의 신 마르스(Mars)와 불(火)에서 이름이 유래했습니다.

태양계에서 가장 큰 행성인 목성은 적도와 평행한 줄무늬가 있습니다. 이는 태양 빛의 차등 가열로 인해 대기가 수직적인 대류를 일으키고, 대류가 목성의 빠른 자전 속도로 인해 동서 방향으로 빠르게 흐르면서 생기는 모습입니다. 목성 주위에는 여러 개의 위성이 돌고 있는데 가장 대표적인 것이 갈릴레오가 발견한 4대 위성인 이오, 유로파, 가니메데, 칼리스토입니다.

토성은 커다랗고 아름다운 고리가 있다는 점이 가장 큰 특징입니다. 이 고리는 다양한 크기의 먼지와 얼음 입자들로 구성되어 있으며,

수백 km에 달할 정도로 넓게 뻗어 있지만 두께는 100m도 채 되지 않아 원반과 같은 형태를 이룹니다.

지구에서는 이들 행성뿐 아니라 혜성도 관측할 수 있어요. 혜성은 태양에 가까이 다가올수록 얼어 있던 기체가 승화하면서 코마(coma)가 형성되어 뿌옇고 밝은 모습으로 관측되는데, 태양과 반대 방향으로 꼬리를 만들기도 합니다. 궤도의 이심률(원 형태의 운동에서 벗어난 정도)이 매우 큰 경우도 있습니다.

지구에서 관측할 수 있는 대표적인 주기 혜성으로는 주기가 약 76년인 핼리 혜성이 있습니다. 가장 최근에는 1986년 2월에 관측되었으니 다음 관측은 2062년 초쯤이 되겠네요. 2020년에는 6,800년 만에 지구에 근접해서 맨눈으로도 관측된 네오와이즈 혜성(Neowise C/2020 F3)이 한 달간 지구 곳곳에서 많은 이를 감탄케 한 적도 있었지요.

혜성이 지나가면서 남기는 잔해물이나 우주에 있던 물질 조각들이 매우 빠른 속도로 지구 대기에 진입하면 단열 압축에 의해 타면서 빛을 내기도 합니다. 이것이 바로 유성 혹은 별똥별이라고 부르는 모습이죠. 크기가 작은 조각들은 대기 중에서 모두 타버리지만, 일부 큰 조각들은 다 타지 못하고 남은 덩어리가 지상으로 떨어지기도 하는데 이를 운석이라고 합니다. 즉 운석은 별똥별의 잔해인 셈입니다.

이 외에도 밤하늘에서는 약 400km 높이에서 지구를 90분마다 한 바퀴씩 돌고 있는 국제우주정거장(ISS), 우리 은하의 나선팔에 위치한 지구에서 은하를 바라본 모습인 은하수 등 우주에서 일어나는

우리나라에서 관측된 네오와이즈 혜성

출처: 한국천문연구원

매우 다양한 모습들을 관측할 수 있습니다.

이러한 천체 관측과 그 데이터 수집에서 시작되는 분석 및 연구들은 밤하늘이 어둡다는 환경이 존재해야만 가능한 일입니다. 1395년 조선 시대에 만든 〈천상열차분야지도(天象列次分野之圖)〉에는 밤하늘에서 볼 수 있는 1,467개의 별이 새겨져 있습니다. 그런데 현재 과학기술 수준으로 추정하면 우주에 있는 관측 가능한 별만 100해($10^{22}$)개라고 합니다.

최첨단 관측 장비와 시스템을 갖추고 우주로 망원경과 우주선까지 쏘아 올리는 현대 사회에서도 더 헤아리기 어려울 정도로 많은 별이 우주에 있지만, 막상 지구에서 밤하늘을 올려다보며 관측할 수 있

천상열차분야지도

는 별의 개수는 조선 시대보다 턱 없이 적어지고 있는 상황입니다.

흔히 어둠이라고 하면 부정적이고 두려운 이미지로만 느껴지지만, 사실 자연에서는 어둠이 꼭 필요합니다. 지구가 자전하면서 낮과 밤이 생기는 현상은 지극히 자연스러운 일이므로 지구상에 살아온 생명체들은 밤과 어둠에도 낮 못지않게 적응을 잘하며 살아왔거든요.

인류는 전력을 소모하며 인공 조명으로 어둠을 밝혀 밤에도 빛나는 지구를 만들어냈습니다. 이 발전이 아름답고 자랑스럽다고 생각할 수도 있겠지만, 우주를 탐색하는 호기심은 물론 자연에 사는 생명들까지 위험에 빠뜨릴 수 있는 일임을 깨닫는 기회가 되면 좋겠습니다. 빛이 더 아름답고 소중해지려면 어둠도 못지않게 존중받아야 하는 법이니까요.

# 태양이 우리에게
# 주는 것들

우리 주변에 늘 존재하고 심지어 꼭 필요하지만, 너무나 당연하게 여겨져서 그 고마움과 소중함을 미처 깨닫지 못하는 경우가 있습니다. 평상시에는 고마움을 못 느끼다가 문제가 생길 때에야 비로소 소중함을 깨닫고 지키기 위해 노력합니다. 깨끗한 공기, 물, 흙은 물론 가족이나 가까운 친구도 해당될 수 있겠죠. 이번에 알아볼 태양 역시 마찬가지입니다. 지구가 탄생한 이래 늘 함께한 별이자 지구에서 가장 가까운 별인 '태양'에 대한 이야기입니다.

우리는 모두 태양이 스스로 내는 에너지에 의존해서 살아가고 있습니다. 하지만 그것이 너무나 당연하고 자연스러운 일이니 특별히 고마움을 느끼기가 오히려 더 어려운 것 같습니다. 해가 지는 밤이 되어도 내일은 내일의 태양이 뜰 테니 별 걱정도 들지 않죠. 늘 우리 곁에 있어줄 것만 같은 태양에도 정해진 수명이 있습니다. 물론 아직은 남은 수명이 50억 년도 넘지만, 언젠가는 사라질 존재인 태양에도 고마움을 한 번 되새겨보고자 합니다.

태양계는 약 46억 년 전 형성되었습니다. 우주에 흩어져 있던 먼

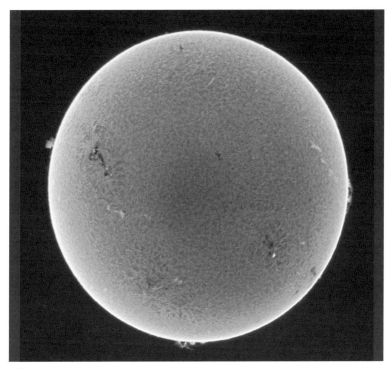

태양

지와 가스들이 모여 중력이 커지면서 수축하자 밀도도 커졌고, 밀도
가 커지니 입자가 서로 더 자주 충돌해 열을 발생시켜 온도가 높아지
며 중심부에 태양이 탄생했습니다.

　이때 약간의 회전 운동이 중력 수축과 함께 점차 빨라지면서 모
여 있던 먼지와 가스들은 납작한 원판과 같은 모양을 만들어냈습니
다. 이 원판 내에서 먼지 중 일부는 응결핵 역할을 하며 주변의 물체
들을 점차 한데 모아 뭉쳤고, 마침내 행성이 만들어졌지요.

태양을 공전하는 태양계의 행성들

　태양에 가까운 행성들은 태양의 큰 중력과 높은 밀도 덕분에 고체 물질들을 잘 간직할 수 있어서 수성, 금성, 지구, 화성과 같이 암석을 가진 지구형 행성이 되었고, 태양과 멀어질수록 기체 성분만 남아 목성, 토성, 천왕성, 해왕성과 같은 목성형 행성이 되었습니다. 이와 같은 과정을 거쳐 태양을 중심으로 여러 행성이 대부분 같은 방향으로 공전하고 있으며, 그 궤도는 거의 동일한 평면상에 놓여 있습니다.

　지구 역시 북극에서 내려다보는 시점 기준 태양 주변을 시계 반대 방향으로 공전하고 있지요. 지구가 태양 주변을 한 바퀴 도는 주기를 1년이라고 정한 시간과 달력의 개념도 만들어졌고, 지구의 자전축이 기울어진 채로 공전하기 때문에 계절의 변화도 나타났습니다. 또한 지구가 자전할 때 태양을 바라보기도 하고 등지기도 하므로 낮과 밤이 생겨나기도 했지요. 낮과 밤의 변화는 다시 24시간을 주기로 하는 '하루'라는 시간 개념을 낳기도 했고요.

태양의 존재와 그를 둘러싼 지구의 천문학적 운동은 우리 삶에 가장 기본적인 환경과 조건을 제공해 줍니다. 이 패턴은 인류뿐 아니라 지구에 훨씬 더 오랜 세월 살아온 동식물들에게도 절대적인 영향을 미치지요. 이들은 패턴에 따른 일조량과 기온 등을 감지해 계절이나 밤낮을 구분하는 생체 리듬과 생태적 습성 등을 형성했고, 생물마다 서로 다른 생태적 지위를 나눠 가지며 균형 있는 생태계를 구성했습니다.

지구는 태양으로부터 약 1억 5천만 km 떨어져 공전합니다. 숫자만 보면 매우 멀어 보이지만, 태양은 지구에서 가장 가까운 별입니다. 빛의 속도로는 8분 정도 걸리기 때문에, 우리가 지금 보고 있는 햇빛은 이미 8분 전에 태양을 출발한 빛이에요. 지구에서 태양 다음으로 가장 가까운 별인 알파 센타우리는 태양까지의 거리보다 약 29만 배나 더 먼 4.3광년 정도 떨어져 있습니다. 태양으로부터는 8분 만에 빛을 받을 수 있었지만, 알파 센타우리로부터 빛을 받으려면 4.3년이나 걸린다는 뜻이죠.

지구에서 받는 태양에너지 중 약 46%는 가시광선으로 이루어져 있습니다. 가시광선이란 인간의 눈으로 볼 수 있는 빛을 뜻합니다. 대략 400~700nm(나노미터) 정도의 범위에 해당하는데 빨간색에서 노란색, 파란색으로 갈수록 점점 파장이 짧아집니다. 태양 빛이 없다면 우리는 눈으로 색을 구분하거나 형태를 인지할 수 없습니다. 다시 말

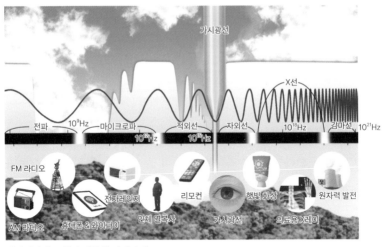

태양광선에 포함된 다양한 전자기파

해 세상을 볼 수 없다는 뜻이지요.

식물들이 광합성을 하는 데에도 가시광선 영역의 빛을 이용하므로 가시광선은 생태계 내에서 영양분을 만들어내는 기초가 되는 빛이라고도 할 수 있습니다. 그런데 태양 빛에는 가시광선 외에도 다양한 파장의 빛이 포함되어 있습니다. 그중 자외선은 가시광선보다 파장 영역이 짧은 빛으로, 피부에서 비타민 D를 합성하는 역할과 살균 작용 등을 합니다. 가시광선보다 파장이 긴 적외선은 주로 열을 전달하거나 감지하는 데 활용되지요.

자외선과 적외선을 비롯해 태양 빛에는 모든 파장의 전자기파가 포함되어 있어 다양한 종류의 빛을 연구하고 활용할 수 있답니다. 자외선보다도 파장이 짧은 X선이나 감마선은 투과력이 좋아 인체나 사물의 내부를 탐지하는 데 이용하고 있고, 적외선보다 파장이 긴 마이크로파나 전파는 전자레인지나 라디오, 통신 등에 다방면으로 활용하고 있지요.

이처럼 유용한 태양에너지는 태양 내부에서 일어나는 핵융합 반응으로 만들어집니다. 우주에 가장 많이 분포하고 있으며 주기율표에 첫 번째로 등장하는 원소인 수소(H)가 바로 태양이 핵융합 반응을 할 때 주재료가 됩니다.

태양 중심에서 수소 4개가 융합하면 헬륨 1개가 생성됩니다. 이때, 수소 4개를 더한 질량보다 생성된 헬륨 1개의 질량이 약간 더 작습니다. 그 질량 차이만큼이 에너지가 되는 것이죠. 하나의 반응에서 나타나는 에너지는 엄청나게 작지만, 태양 중심에서는 매초 약 6억~7억 톤의 수소가 융합 반응을 일으키고 있기 때문에 이 에너지를 모두 합치면 무지막지한 양의 에너지가 태양으로부터 방출되고 있는 것입니다. 태양에너지의 재료가 되는 수소를 다 쓰고 나면 태양의 핵융합 반응도 더는 일어나지 않을 것이고, 그때가 태양의 수명이 다하는 날입니다.

태양에서 만들어지는 에너지가 전부 다 지구로 오는 것은 아닙니다. 태양은 모든 방향으로 같은 양의 에너지를 방출하고 있기 때문에 그중 지구로 도달하는 에너지는 태양이 내보내는 에너지의 극히 일부에 불과합니다. 수치로 따지면 20억 분의 1 정도뿐이지요.

지구에서 햇빛과 직각인 단위 면적($1m^2$)에 입사하는 에너지를

'태양상수'라고 부르는데, 그 값은 약 1,366W/m²입니다. 이 1m²에 들어오는 양만으로도 10W(와트) 용량의 탁상용 LED 스탠드를 136개나 켤 수 있을 만큼 큰 값입니다. 태양을 향해 위치한 방향의 지구 단면적으로 입사하는 태양에너지의 총량(태양상수×지구 단면적)을 전체 지구 표면적으로 나누면, 지구의 모든 표면에서 평균적으로 나눠 받는 태양에너지 양(약 342W/m²)을 계산해 낼 수 있습니다.

잠깐 어려운 이야기를 했지만, 이렇게 지구가 끊임없이 받는 태양에너지는 인간을 비롯한 다양한 생명체들의 활동뿐 아니라 지구의 전체 대기와 해양이 순환하는 동력이 되기도 합니다. 친환경 방식이 주목받는 최근에는 직접적인 재생에너지 자원으로도 쓰이고 있지요.

물론 현재 인류가 사용하는 화석에너지 역시 결국 태양에너지가 근원이긴 하지만, 태양 빛을 직접 활용해서 폐기물이나 탄소 배출 없는 깨끗하고 안전한 에너지이자 제한 없이 지속 가능한 에너지원으로 삼으려는 것이죠.

태양광 발전의 기본 원리는 특정 금속에 빛을 가하면 금속으로부터 전자가 방출되는 광전 효과입니다. 그런데 태양이 지고 난 밤 시간이거나 지형, 날씨로 인해 태양 빛을 덜 받는 경우에는 발전을 이어가기가 어려워집니다. 그래서 일정하게 안정적으로 전력을 공급하기 위해 햇빛이 잘 드는 낮에 생산한 전기를 효율적으로 저장하는 기술, 밤이나 구름이 없는 우주에서 태양광 발전을 하는 기술 등을 개발해서 보완하고 있습니다. 전 세계적인 기후 위기 시대에 화석에너지와의 이별을 고하고, 새로운 대안으로 태양에너지를 활용하기 위해 정책적으로나 기술적으로나 모든 방면에서 박차를 가하고 있습니다.

태양은 지구 지름의 약 109배에 달하는 크기에 질량은 지구의 30만 배나 됩니다. 이는 태양계 전체 질량의 99% 이상을 차지하는 수치이고 실제로도 지배적인 역할을 하고 있지요. 태양계의 세 번째 행성인 지구는 태양에 절대적으로 의존하면서도 태양과 적당히 떨어져 있는 덕분에 생명체가 살기에 최적화된 조건을 갖출 수 있었습니다. 온화한 15°C의 평균 기온, 액체 상태로 존재하는 물 같은 것들이죠.

태양은 46억 년 동안 지구의 모든 역사와 함께했습니다. 그만큼 우리는 태양의 존재를 너무나 당연하게 여겨왔습니다. 이번 기회에 태양과 지구 사이에서 일어나는 천문학적 관계에 의한 시간과 계절, 기후와 환경, 빛과 에너지까지, 지구에서 일어나는 수많은 일이 태양으로부터 기원한다는 사실에 새삼 고마움을 느낄 수 있길 바랍니다. 비단 태양뿐 아니라 나를 둘러싼 모든 것들이 결국 나를 위한다는 마음으로 하루하루와 주변의 모든 존재를 소중히 여기고, 나는 다른 사람들을 위해 무엇을 할 수 있을지 생각하고 다짐해 보면 좋겠습니다.

# 케슬러 증후군이란?

190쪽에서 잠깐 등장한 케슬러 증후군(Kessler Syndrome)은 1978년 도널드 케슬러가 주장한 가상의 우주 재난입니다. 지구를 도는 인공위성들이 서로 계속 충돌해 그 잔해들이 지구를 감싸면서 돌고, 이로 인 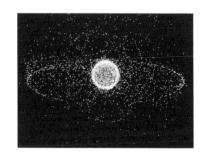 해 우주로 나갈 수 없게 됨은 물론 인공위성 기술들을 모두 사용할 수 없게 되어 끔찍한 기술 퇴보가 발생한다는 시나리오예요.

실제로 인공위성끼리 충돌하는 사례도 발생한 적이 있고, 처음에는 말도 안 되는 일이라며 웃음거리 취급을 받은 이론이지만 최근 충돌로 인한 우주 쓰레기 문제가 대두되면서 현실로 나타날 가능성도 조금씩 높아지고 있다고 합니다.

케슬러 증후군의 시나리오는 실제로 일어날 수 있을까요? 일어난다면 우리는 어떻게 대처해야 하고, 또 케슬러 증후군에 대비하기 위해서는 어떤 것들을 해야 할까요?

내 생각은···

# 찾아보기

23쪽: Alexrk2(Data from NSIDC), Wikimedia Commons

26쪽: Uwe Dedering, Wikimedia Commons

31쪽: Alempic 2023, Wikimedia Commons

57쪽: Paul Harrison, Wikimedia Commons

58쪽: Ghedoghedo, Wikimedia Commons

61쪽: Nobu Tamura(spinops.blogspot.com), Wikimedia Commons

63쪽: Acropora, Wikipedia

81쪽: Alexander Klepnev, Wikimedia commons

140쪽: Marshman, Wikipedia

156쪽: Strat188m, Wikimedia Commons

170쪽: 위부터 강원특별자치도 동해시(2024), 제주특별자치도(2021), 인천광역시(2020)

# 읽자마자 기후 위기를 이해하는 지구과학 사전

1판 1쇄 펴낸 날 2025년 6월 5일

지은이  정원영
일러스트  은옥
주간  안채원
책임편집  윤성하
편집  윤대호, 채선희, 장서진
디자인  김수인, 이예은
마케팅  함정윤, 김희진

펴낸이  박윤태
펴낸곳  보누스
등록  2001년 8월 17일 제313-2002-179호
주소  서울시 마포구 동교로12안길 31 보누스 4층
전화  02-333-3114
팩스  02-3143-3254
이메일  bonus@bonusbook.co.kr
인스타그램  @bonusbook_publishing

ISBN 978-89-6494-750-0  03450

• 책값은 뒤표지에 있습니다.

# 읽자마자 시리즈

**읽자마자 수학 과학에 써먹는
단위 기호 사전**

이토 유키오 외 지음 | 208면

**읽자마자 원리와 공식이 보이는
수학 기호 사전**

구로기 데쓰노리 지음 | 312면

**읽자마자 개념과 원리가 보이는
수학 공식 사전**

요코야마 아스키 지음 | 232면

**읽자마자 과학의 역사가 보이는
원소 어원 사전**

김성수 지음 | 224면

**읽자마자 이해되는
열역학 교과서**

이광조 지음 | 248면

**읽자마자 우주의 구조가 보이는
우주물리학 사전**

다케다 히로키 지음 | 200면

**읽자마자 문해력 천재가 되는
우리말 어휘 사전**

박혜경 지음 | 256면

**읽자마자 보이는
세계지리 사전**

이찬희 지음 | 304면

**읽자마자 IT 전문가가 되는
네트워크 교과서**

아티클 19 지음 | 176면